Manifesto for Agile Software Development

We are uncovering better ways of developing
software by doing it and helping others do it.
Through this work we have come to value:

Individuals and interactions	over	processes and tools
Working software	over	comprehensive documentation
Customer collaboration	over	contract negotiation
Responding to change	over	following a plan

That is, while there is value in the items on
the right, we value the items on the left more.

Kent Beck
Mike Beedle
Arie van Bennekum
Alistair Cockburn
Ward Cunningham
Martin Fowler
James Grenning
Jim Highsmith
Andrew Hunt
Ron Jeffries
Jon Kern
Brian Marick
Robert C. Martin
Steve Mellor
Ken Schwaber
Jeff Sutherland
Dave Thomas

Principles behind the Agile Manifesto

We follow these principles:

1. Our highest priority is to satisfy the customer through early and continuous delivery of valuable software.
2. Welcome changing requirements, even late in development. Agile processes harness change for the customer's competitive advantage.
3. Deliver working software frequently, from a couple of weeks to a couple of months, with a preference to the shorter timescale.
4. Business people and developers must work together daily throughout the project.
5. Build projects around motivated individuals. Give them the environment and support they need, and trust them to get the job done.
6. The most efficient and effective method of conveying information to and within a development team is face-to-face conversation.
7. Working software is the primary measure of progress.
8. Agile processes promote sustainable development. The sponsors, developers, and users should be able to maintain a constant pace indefinitely.
9. Continuous attention to technical excellence and good design enhances agility.
10. Simplicity--the art of maximizing the amount of work not done--is essential.
11. The best architectures, requirements, and designs emerge from self-organizing teams.
12. At regular intervals, the team reflects on how to become more effective, then tunes and adjusts its behavior accordingly.

敏捷软件开发宣言

我们在亲身实践和帮助他人实践的过程中，
揭示出一些更好的软件开发方法。
通过这项工作，我们一致认为：

个体和交互	高于	过程和工具
可以工作的软件	高于	全面的综合性文档
客户合作	高于	合同洽商
响应变化	高于	遵循计划

也就是说，在承认右侧中各项有价值的同时，
我们更认同左侧中各项的价值。

敏捷宣言遵循的原则

我们遵循以下原则。

1. 我们最优先要做的事通过尽早的、持续的交付有价值的软件来使客户满意。
2. 即使到了开发的后期，也欢迎改变需求。敏捷过程利用变化来为客户创造竞争优势。
3. 经常性地交付可以工作的软件，交付的间隔可以从几个星期到几个月，交付的时间间隔越短越好。
4. 在整个项目开发期间，业务人员和开发人员必须天天都在一起工作。
5. 围绕被激励起来的个体来构建项目。给他们提供所需的环境和支持，并且信任他们能够完成工作。
6. 在团队内部，最具有效果并且富有效率的传递信息的方法，就是面对面的交谈。
7. 可工作的软件是首要的进度度量标准。
8. 敏捷过程提倡可持续的开发速度。责任人、开发者和用户应该能够保持一个长期的、恒定的开发速度。
9. 不断地关注优秀的技能和好的设计会增强敏捷能力。
10. 简单——使未完成的工作最大化的艺术——是最根本的。
11. 最好的架构、需求和设计出自于自组织的团队。
12. 每隔一定时间，团队会在如何才能更有效地工作方面进行反省，然后相应地读自己的行为进行调整。

敏捷软件开发
用户故事实战

[美] 迈克·科恩（Mike Cohn） 著
王凌宇 译

清華大學出版社
北京

内容简介

作为敏捷社区的经典名作，本书不负众望，为软件行业提供了一种高效的需求过程，通过用户故事来节省时间、消除重复工作和开发更优秀的软件。要想构建可以满足用户需求的软件，最好的方法是从“用户故事”开始，用简明扼要的语言清楚明确地描述对实际用户有价值的功能。在本书中，敏捷实干家提供了一个详尽的蓝图来指导读者如何编写用户故事，如何在软件开发生命周期中实际运用用户故事。

全书共5部分21章，介绍了如何写出理想的用户故事，造成用户故事不理想的因素有哪些，如何在无法直接接触到用户的情况下有效搜集用户故事，如何对写好的用户故事进行整理、排优先级并在此基础上进行计划、管理和测试。

本书适合采用XP、Scrum甚至其他自主敏捷方法的所有开发、测试、分析师和项目负责人阅读和参考，可以帮助他们以更少的人手在更短的时间内开发出更符合用户需求的产品或服务。

图书在版编目（CIP）数据

敏捷软件开发：用户故事实战 / [美] 迈克·科恩（Mike Cohn）著；王凌宇译. —北京：清华大学出版社，2019(2024.6重印)

书名原文：User Stories Applied: For Agile Software Development

ISBN 978-7-302-51108-3

Ⅰ. ①敏…　Ⅱ. ①迈…　②王…　Ⅲ. ①软件开发　Ⅳ. ①TP311.52

中国版本图书馆CIP数据核字（2018）第197600号

责任编辑：文开琪
封面设计：李　坤
责任校对：周剑云
责任印制：沈　露
出版发行：清华大学出版社
网　　址：https://www.tup.com.cn，https://www.wqxuetang.com
地　　址：北京清华大学学研大厦A座　　邮　　编：100084
社 总 机：010-83470000　　邮　　购：010-62786544
投稿与读者服务：010-62776969, c-service@tup.tsinghua.edu.cn
质量反馈：010-62772015, zhiliang@tup.tsinghua.edu.cn
印 装 者：大厂回族自治县彩虹印刷有限公司
经　　销：全国新华书店
开　　本：178mm×233mm　　印　　张：15.5　　字　　数：285千字
版　　次：2019年1月第1版　　印　　次：2024年6月第8次印刷
定　　价：69.80元（附赠不干胶）

产品编号：066147-01

献给劳拉（Laura），因你用心阅读本书；

献给萨凡娜（Savannah），因你对阅读的喜爱；

献给德兰妮（Delaney），因你总是坚持让大家相信你已经知道怎样阅读。

有了你们，写作变得如此令人愉悦。

推荐序

肯特·贝克（Kent Beck）

如何确定一个软件系统应该做什么？然后，怎样和相关的人沟通这个决定？本书研究了这个复杂的问题。这个问题很难，因为不同的相关人，各自的需求也不相同。项目经理想要跟踪进展，程序员想要实现这个系统，产品经理想要灵活性，测试人员想要度量，用户想要一个可用的系统。在这些充满冲突的观点中，想要达成一个每个人都支持的集体决定，并且维持数月或者数年的平衡都是很困难的事情。

迈克·科恩（Mike Cohn）在本书中探讨的解决方案，与以前解决这个问题的尝试方法，需求分析，用例和场景的目的是一样的。是什么如此复杂？你写下你想做的事，然后你照着做。解决方案的层出不穷，表明这个问题并不像看起来那么简单。这些解决方案的不同在于你写下了什么，何时写的。

用户故事通过两条信息来启动这个过程：每个系统需要实现的目标，以及实现这个目标所需要的大致成本。这只需要几句话，却能提供其他方法没有给出的信息。遵循“最后责任时刻”（last responsible moment）的原则，团队成员在实现特性之前，才将特性的大部分细节写下来。

这个简单的时刻转换有两个主要的效果。首先，团队可以很容易在开发早期就开始实现“最优”的特性，而那时其他特性仍然是模糊的。在添加新特性时，定义每个特性细节的自动化测试能够确保已实现的特性继续正常工作。其次，在早期对特性进行成本考虑时，可以鼓励从一开始就优先考虑特性的优先顺序，而不是最后为了满足交付日期而忙乱地缩减功能。

迈克在用户故事方面的丰富经验使本书充满了实用的建议，让用户故事成为开发团队的利器吧。祝愿大家在做开发时能够更加明确、自信。

译者序

2001年，敏捷宣言诞生，现在敏捷方法已经在全世界范围内广泛应用。而早在1996年，极限编程就提出了“故事”（story）的概念，这是用户故事的起源。2004年，本书正式出版发行。书中对用户故事理论系统化的阐述，操作实例化的说明，实际应用中的价值呈现，使用户故事由单一实践上升至系统化的方法，本书也当之无愧成为用户故事方法的里程碑之作。虽然还存在一些不足，但是“用户故事”无疑已经成为精益敏捷方法的基石之一。

用户故事方法独有的价值，奠定了它在精益敏捷方法中的基石地位。

首先，用户故事实现了产品需求的敏捷化，进而将软件产品研发过程中的需求、开发、测试主要环节系统化的连接起来。需求模糊不清，变更频繁，做出的功能客户不认可已经成为产品团队普遍面临的痛点问题，怎样在有限的时间内及时交付给用户真正想要的产品，已经成为产品团队的梦想。但是在实现高效的开发之前，首先应该解决的是如何确保团队做的工作是正确的，用户故事覆盖了产品研发过程中的需求领域，对如何获取用户真实的需求并实现敏捷化提供了切实可行的解决方案。

通过有效的对话沟通和迭代式的细节完善等操作，用户故事实现了需求的敏捷化；通过优先级排序和故事点的应用，用户故事实现了需求与开发的连接；通过验收标准的持续明确，用户故事实现了需求与测试的连接。用户故事是一根线，它打破了传统管理中的职能墙，把需求、开发、测试环节进行了有机的连接和敏捷化的融合。

其次，用户故事方法弥补了目前业界通用的精益敏捷方法在产品需求领域的不足，是团队进行全价值链敏捷转型不可或缺的关键要素。

目前业界通用的精益敏捷方法，无论是敏捷Scrum，还是精益Kanban，甚至是规模化敏捷SAFe等，在需求领域，不管是简单的还是复杂分层级的需求描述，最后都会落在用户故事上。虽然精益敏捷基于实践持续演进，但是到目前为止，用户故事仍然是需求领域的核心方法。

第三，用户故事方法撬动了敏捷项目管理计划领域，促进了项目相关方之间的协同合作。

故事点是用户故事中独有的概念。故事点的使用，巧妙地让用户故事能够有效地进行计划，将产品需求与项目计划进行了有机的连接，并支持在项目执行过程中持续进行可协商的适应性调整。

用户故事更强调与用户之间进行口头对话和沟通。用户故事中的很多实践活动，用户代理、故事编写工作坊、估算故事、利用故事计划发布和迭代等，都强调客户、用户和整个项目团队的协同工作。用户故事在客户和项目团队之间搭建起真正的桥梁，促进了项目相关方能够向共同的目标协同努力。

可以说，用户故事给方兴未艾的敏捷项目管理领域贡献了特有的实践智慧。

第四，用户故事方法是组织进行业务敏捷转型不可或缺的工具。

市场商业环境纷繁复杂，用户需求模糊易变，产品交付周期日益缩短，企业组织面临的现状越来越严峻。怎样更好的应对这些现状？实现组织级业务层面的敏捷转型是企业应该优先考虑的方向之一。组织级业务敏捷转型需要企业高屋建瓴的进行规划，但是在落地实施层面更需要切实可操作的工具方法。

用户故事从用户价值的角度出发，在用户需求实现过程中时刻提示团队关注用户目标，并且将研发过程中需求、开发、测试主要环节进行了系统化的连接，能够最大限度地促进团队尽快及早向用户交付价值，从而满足用户真实的需求，适应市场的趋势，进而实现企业的商业目标。

用户故事方法就是从上到下贯通组织业务敏捷转型，并且可落地化操作的有效工具之一。

作为一名精益敏捷的践行者，我在多年推广的过程中意识到，理论只是理论而已，只有通过落地实操的方式给团队组织赋能，解决实际问题才能产生价值。可喜的是，在我们去实操之前，本书摆在我们面前，不仅从理论上，还从实操方面给出了大量的实例化案例来教会我们怎样使用用户故事，仔细品味这些案例，都会给大家带来有价值的参考。在后续的实施中，我相信用户故事会给大家带来惊喜。

最后，我把本书献给我的妻子王晓兰和我的儿子，在翻译的过程中，我的妻子正在辅导儿子学习英语，这使得我们家的翻译学习氛围更加浓厚，同时也激励我实现高质量的完成交付。由于妻子的辛劳付出和儿子的专心学习，使我能够心无旁骛地进行工作，反复琢磨词句，并最终将经典作品再次以全新的姿态呈现给各位读者朋友。

前　　言

在 20 世纪 90 年代中期的大部分时间里，我都感到愧疚。我当时正在为一家公司工作，这家公司每年都会收购一家新公司。每次收购一家新公司，我都会被分派去负责打理他们的软件开发团队。收购的每个开发团队都带来了辉煌、美观、冗长的需求文档。我不可避免地感到愧疚，因为我自己的团队从来没有写出过如此优美的需求规格说明。但是，我的团队在生产软件方面一直比我们收购的团队成功得多。

我清楚我们成功的方法。然而，我总有一种难以名状的感觉，如果我们能写出大而冗长的需求文档，我们可能会更加成功。毕竟，那正是我当时正在阅读的书籍和文章中所描述的做法。如果成功的软件开发团队都在编写华丽的需求文档，那么看起来我们也应该这样做。但是，我们从来没有时间做。我们的项目总是太重要，需要我们尽快启动，以至于我们从一开始就没有时间来写文档。

因为我们从来没有时间写美观而冗长的需求文档，所以我们决定采用一种工作方式来与用户沟通。我们不是把需求写下来，让它们来回传递，并在时间不够用的时候还在谈判，而是和客户交谈。我们会在纸上绘制界面样例，有时候会创建原型，通常我们会写一些代码，然后向预期用户展示我们编写的内容。至少每月一次，我们会邀请一组具有代表性的用户，并向他们演示我们开发的功能。通过贴近用户并向他们演示小的增量进展，我们找到了一种方法来帮助我们在没有美观需求文档的情况下取得成功。

尽管如此，肯特 • 贝克（Kent Beck）仍然感到愧疚，认为我们没有按照我们应该的方式去做事。

1999 年，肯特 • 贝克的革命性小册子《解析极限编程》出版发行。一夜之间，我所有的愧疚荡然无存。终于有人提出了开发人员和客户之间用讨论取代“写文档-商谈-再写文档”的模式。肯特阐明了很多事情，并带给我很多新的工作方法。但是，最重要的是，他证明了我从自己的实践中领悟到的是正确的。

大量的前期需求收集和文档可能在多方面导致项目失败。最常见的一种情况是需求文档本身成为软件开发的目标。需求文档只有在能够帮助实现交付某些软件的真正目标时才应该编写。

大量的前期需求收集和文档可能在多方面导致项目失败的第二种情况是书面语言的不准确性。我记得很多年前听到过一个小孩洗澡的故事。小孩的父亲已经在浴缸中放满了水，正准备帮助他的小孩进入水中。这个小孩大概两三岁，先把脚趾头伸入水中蘸了一下，然后迅速将脚趾移开，并告诉她的父亲“让它暖和一些”（make it warmer.）。父亲把手伸入水中，惊讶地发现水不是太冷，已经比他女儿习惯的温度更热了。

父亲思索了一下孩子的请求，意识到他们的沟通出现了问题，用相同的词语来表示不同的意思。孩子“让它暖和一些”的请求被任何成年人都解释为“调高水温”（increase the temperature）。然而，对于孩子来说，“让它变暖”意味着“让它接近我认为暖和的程度”。

文字，尤其是白纸黑字那样的，通过它来表达软件这样复杂东西的需求，是比较简单有限的载体。由于它们可能被误解，所以我们需要用开发人员、客户和用户之间频繁的对话来取代书面文字。用户故事为我们提供了这种方法，让我们写下来足够多我们不会遗忘的内容，并且我们可以估算和计划，同时还鼓励及时沟通。

读完本书的第 I 部分时，你将准备开始改变总是严格写下每一个需求最后细节的工作方式。读完本书的时候，你会知道在具体环境中实施故事驱动过程所有的必要信息。本书分为四个部分和两个附录。

- 第 I 部分“开始”，描述开始编写故事需要了解的一切。用户故事的目标之一是让人们说话而不是写作。第 I 部分的目标是尽快让你交谈。第 1 章概述了什么是用户故事以及如何使用故事。接下来的章节提供了编写用户故事，通过用户角色建模收集故事，在无法访问实际最终用户时编写故事以及测试用户故事的更多细节。第 I 部分的结尾部分提供了一些指导方针，可以用来改进用户故事。
- 第 II 部分“估算和计划”，有了一系列用户故事后，我们经常需要回答的第一件事是“需要花费多长时间来开发？”。第 II 部分介绍了如何使用故事点来估算故事，如何在 3~6 个月的时间范围内计划发布，如何更详细地计划随后的迭代，最后如何度量进度并评估项目是否按照既定的意愿进行。
- 第 III 部分“经常讨论的话题”，首先描述故事与用例，软件需求说明和交互设计场景等需求方案的不同之处。随后探讨用户故事的独特优点，如何判断出现问题的时间，如何调整敏捷过程 Scrum 以使用故事。最后一章着眼于各种小问题，例如是否在纸质卡片或者软件系统中编写故事以及如何处理非功能性需求。

- 第 IV 部分“一个完整的项目案例”，一个扩展的例子，旨在帮助归纳用户故事的所有内容。如果说开发人员可以通过故事更好地理解用户的需求，那么本部分的完整示例是非常重要的，这个示例将展示用户故事的各个方面及其结合方式。
- 第 V 部分“附录”，用户故事源于极限编程。阅读本书之前不需要熟悉极限编程。附录 A 提供了极限编程的简要介绍。附录 B 包含对各章结尾思考练习题的解答。

致　　谢

本书受益于众多审阅者的评论。我特别感谢 Marco Abis，Dave Astels，Steve Bannerman，Steve Berczuk，Lyn Bain，Dan Brown，Laura Cohn，Ron Crocker，Ward Cunningham，Rachel Davies，Robert Ellsworth，Doris Ford，John Gilman，Sven Gorts，Deb Hartmann，Chris Leslie，Chin Keong Ling，Phlip，Keith Ray，Michele Sliger，Jeff Tatelman，Anko Tijman[1]，Trond Wingård，Jason Yip 和一些匿名的审阅者。

我衷心感谢本书正式的审阅者：荣恩（Ron Jeffries）、汤姆（Tom Poppendieck）和比尔（Bill Wake）。荣恩使我保持诚实和敏捷。汤姆使我察觉到之前没有考虑到的许多想法。比尔则使我保持正确的方向，并与我分享他的 INVEST 缩写词模型。我很骄傲能够和三位共事，他们当中任何一位提出来的建议都对完善本书做出了不可估量的贡献。

我还要感谢丽莎（Lisa Crispin）——《极限编程测试》的作者，她鼓励我写这本书，并告诉我她与 Addison-Wesley 出版社愉快的合作经历。没有她的鼓励，我将永远无法开始。

在过去的 9 年中，我所知道的大部分内容都与托德（Tod Golding）争论过。我们之间的共识远远超过彼此之间的争执。不管怎样，我从我们的争论中学到东西。多年来他所教我的一切，我都感激不尽。我和他讨论的内容极大充实了本书。

感谢阿历克斯（Alex Viggio）和 XP Denver 的所有人，让我有机会展示本书许多早期的想法。也感谢马克和 J. B.（Mark Mosholder 和 J. B. Rainsberger），他们向我讲述了他们如何使用软件而不是卡片。感谢肯尼（Kenny Rubin）[2]，他与阿黛尔（Adele Goldberg）合作完成了 *Succeeding With Objects* 一书，他在书中所表现出来的自豪感使我在停笔数年后再次开始写作。

衷心感谢马克和 Fast401k 创始人丹（Dan Gutrich），他们全心全意地拥抱用户故事和 Scrum。还要感谢 Fast401k 我的每一位同事，我们正在努力实现我们的目标——成为科罗

---

① 中文版编注：2014 年阿姆斯特丹敏捷管理大会上，Anko 表达了通过人的因素来进行管理的观点。他认为高层促成有效敏捷的前提是改变思维模式、手段和工作方法，促成团队逐步实现自组织。同时，团队在信任的氛围下实现自我驱动，并向团队的共同目标看齐。

② 中文版编注：多年后，肯也出版了他的畅销书《Scrum 精髓》，这本书多年来一直位列亚马逊网站敏捷类图书的榜首。

拉多州最好的团队之一。

千言万语都无法表达我对家人的感激，因为有那么多的时间我无法陪伴他们。感谢我美丽的女儿和公主，萨凡娜和德兰妮（Savannah 和 Delaney）。特别感谢我美丽的妻子劳拉（Laura），因为我的繁忙，她得操很多心。

我对 Addison-Wesley 团队感激不尽。与保罗（Paul Petralia）的合作一直都非常愉快。米切尔（Michele Vincenti）一直推进事情。丽莎（Lisa Iarkowski）为我使用 FrameMaker 提供了宝贵的帮助。盖尔（Gail Cocker）润色了我的图表。尼克（Nick Radhuber）最后把所有一切整合在一起。

最后同时也是最重要的感言要献给肯特，感谢他的真知灼见和他的时间，感谢他把本书收入他的签名系列中。

目　　录

第I部分　开　　始

第1章　概述 3

什么是用户故事？ 4

细节在哪里？ 5

“需要在多长时间内完成？” 7

客户团队 7

使用故事的过程是什么样的？ 8

计划发布和迭代 9

什么是验收测试？ 11

为什么要改变？ 12

小结 13

思考练习题 13

第2章　编写故事 15

独立的 15

可协商的 16

对用户或客户有价值的 18

可估算的 19

小的 20

拆分故事 20

合并故事 22

可测试的 23

小结 24

开发人员的责任 24

客户的责任 24

思考练习题 24

第3章　用户角色建模 27

用户角色 27

角色建模步骤 29

通过头脑风暴，创建初始的用户角色集合 29

整理初始的角色集合 30

聚合角色 31

细化角色 32

两个额外的技术 33

用户画像 33

极端人物 34

如果有现场用户呢？ 34

小结 35

开发人员的责任 35

客户的责任 35

思考练习题 36

第4章　收集故事 37

引出和捕捉需求是不适用的 37

一点儿就够用了，不是吗？ 38

方法 39

用户访谈 39

问卷调查 41

观察 41

故事编写工作坊 42

小结 44

开发人员的责任 45

客户的责任 45

思考练习题 45

第 5 章　与用户代理合作 47
用户的经理 47
开发经理 48
销售人员 49
领域专家 50
营销团队 50
前用户 50
客户 51
培训师和技术支持 52
业务分析师或系统分析师 52
如何与用户代理合作？ 52
当用户存在但访问受限时 52
当真的找不到用户时 53
你能自己做吗？ 54
建立客户团队 54
小结 54
开发人员的责任 55
客户的责任 55
思考练习题 55
第 6 章　用户故事验收测试 57
在编码之前编写测试 58
客户定义测试 59
测试是过程的一部分 59
多少测试才算多？ 59
集成测试框架 60
测试的类型 61
小结 62
开发人员的责任 62
客户的责任 62
思考练习题 62
第 7 章　好故事编写指南 63
从目标故事开始 63
纵切蛋糕 64
编写封闭的故事 64
约束卡片 65
根据实现时间来确定故事规模 66
不要过早涉及用户界面 66
需求不止故事 67
故事中包括用户角色 67
为一个用户编写故事 68
用主动语态 68
客户编写 68
不要给故事卡编号 68
不要忘记目的 69
小结 69
思考练习题 69

第 II 部分　估算和计划

第 8 章　估算用户故事 73
故事点 73
团队估算 74
估算 74
三角测量 76
使用故事点 77
如果用结对编程呢？ 78
“敲黑板” 79
小结 79
开发人员的责任 79
客户的责任 79
思考练习题 80
第 9 章　发布计划 81
我们希望什么时候发布？ 82

希望在发布中包含哪些特性？ 82
故事优先级排序 83
混合优先级排序 84
风险故事 84
优先考虑基础设施需求 85
选择迭代长度 86
从故事点到预期工期 86
初始速率 86
猜测速率 87
创建发布计划 87
小结 88
开发人员的责任 88
客户的责任 89
思考练习题 89
第 10 章 迭代计划 91
迭代计划概述 91
讨论故事 92
分解任务 92
认领责任 94
估算及确认 94
小结 95
开发人员的责任 96
客户的责任 96
思考练习题 96
第 11 章 度量和监测速率 97
度量速率 97
计划速率和实际速率 99
发布燃尽图 100
迭代燃尽图 102
小结 104
开发人员的责任 104
客户的责任 105
思考练习题 105

第 III 部分 经常讨论的话题

第 12 章 用户故事不是什么 109
用户故事不是 IEEE 830 109
用户故事不是用例 112
用户故事不是场景 115
小结 117
思考练习题 117
第 13 章 用户故事的优点 119
口头沟通 119
用户故事容易理解 121
用户故事的大小适合于计划 122
用户故事适合迭代开发 123
故事鼓励推迟细节 124
故事支持随机应变的开发 124
用户故事鼓励参与式设计 125
故事增强隐性知识 125
用户故事的不足 126
小结 126
开发人员的责任 127
客户的责任 127
思考练习题 127
第 14 章 用户故事的不良“气味” 129
故事太小 129
故事相互依赖 130
镀金 130
细节过多 131
过早包含用户界面细节 131

想得太远..132
故事拆分太频繁 132
客户很难对故事排列优先级 132
客户不愿意写故事并对故事进行
优先级排序 133
小结 134
开发人员的责任 134
客户的责任 134
思考练习题 134

第 15 章　在 Scrum 项目中使用用户故事......................................135

Scrum 是迭代式和增量式的............135
Scrum 基础.......................................136
Scrum 团队.......................................137
产品待办列表 137
Sprint 计划会议 138
Sprint 评审会议 140
每日 Scrum 站会 140
在 Scrum 项目中加入用户故事 142
用户故事和产品待办列表 142
Sprint 计划会议中使用用户
故事 142
Sprint 评审会议中使用用户
故事 143
用户故事和每日 Scrum 站会 143
案例学习 143
小结 144
思考练习题 145

第 16 章　其他主题 147

处理非功能性需求...........................147
纸质还是软件？ 148
用户故事和用户界面.......................150
保留故事 152
用户故事描述 bug............................153
小结 154
开发人员的责任 154
客户的责任 154
思考练习题 155

第 IV 部分　一个完整的项目案例

第 17 章　用户角色 159

项目 159
识别客户 159
识别一些初始角色 160
聚类与细化.......................................161
角色建模..163
增加用户画像 164

第 18 章　故事 165

Teresa 的故事 165
Ron 船长的故事...............................168
初级海员的故事 168
非海员礼品购买者的故事 169
报表查看者的故事...........................169
一些管理员的故事...........................170
结束 171

第 19 章　估算故事 173

第一个故事 174
高级搜索 176
评分和评价 177
账号 177
完成估算 178
所有的估算 179

第 20 章　计划发布 181
估算速率 181
对故事进行优先级排序 182
完成的发布计划 183
第 21 章　验收测试 185
搜索的测试 185
购物车的测试 186
购买书籍 187
用户账号 188
管理 188
测试约束 189
最后一个故事 190

第V部分　附　录

附录 A　极限编程概述 193
附录 B　各章思考练习题参考答案 203
参考文献 217

第I部分　开　　始

在第 I 部分，我们首先介绍用户故事是什么，如何使用。接下来，我们将更详细地讨论如何编写用户故事，如何使用系统的用户类型来帮助识别故事，用户很难接触到时如何与那些充当用户角色的人一起工作，如何编写测试来验证故事已经成功实现。最后，给出用户故事编写指南。

完成这一部分的阅读之后，将掌握如何开始识别、编写和测试故事并准备好如何使用用户故事进行估算和计划（这是第 II 部分的内容）。

- 第 1 章　概述
- 第 2 章　编写故事
- 第 3 章　用户角色建模
- 第 4 章　收集故事
- 第 5 章　与用户代理合作
- 第 6 章　用户故事验收测试
- 第 7 章　好故事编写指南

第1章

概述

软件需求是一个沟通问题，需要新软件的人（使用或者要销售的人）必须与那些构建新软件的人进行沟通。为了取得成功，项目依赖于来自不同人群的信息：一方面是客户和用户，有时候是分析师、领域专家和其他从商业或者组织角度看待软件的人；另一方面是技术团队。

如果任何一方支配或主导了这些沟通，项目就会遭受损失。当业务方处于支配地位时，他们就会只关注实现的功能和日期，很少关注开发人员是否可以同时满足这两个目标，或者开发人员是否确切地知道什么是真实的需求；当开发人员支配了沟通时，技术术语就会取代业务语言，导致开发人员失去了通过倾听来了解什么是真实需求的机会。

我们需要的是一种协同工作的方式，这样双方都不占优势，因此将共同面对资源分配中的意气用事和政治问题。当资源分配问题完全落在一方时，项目就会失败。如果开发人员承担这个问题（通常是以“我不关心你怎么做，但必须在六月之前完成”的形式），他们可能会对其他特性进行质量交易，可能只部分实现一个特性，或者可能自行去做一些本该有客户和用户参与决策的决定。当客户和用户承担资源分配的负担时，我们通常会在项目开始时看到一系列冗长的讨论，其中的特性会逐渐从项目中移除。然后，当软件最终交付时，它的特性甚至还不及之前已识别的简化集。

到现在我们已经认识到，我们不能完美地预测一个软件开发项目。当用户看到软件的早期版本时，他们会提出新的想法，意见也会改变。由于软件的不确定性，大多数开发人员在估算事情需要花费的时间方面是众所周知的难事，由于这些和其他因素，我们不能制定一个完美的 PERT（计划审查技术）[①]图表来显示项目上必须做的一切。

那么，我们该怎么办呢？

我们基于手头现有的信息来做决定，我们经常这样做。我们不是在项目的一开始就制定一个包罗万象的决定，而是在项目的整个过程中分散式决策。为了做到这一点，我们要确保我们有一个能够尽可能早、更频繁地获取信息的方法。用户故事由此产生。

什么是用户故事？

用户故事描述了对系统或软件的用户或者购买者都有价值的功能。用户故事由以下三个方面组成。

- 一份故事的书面描述，用于做计划和提示。
- 有关故事的对话，有助于充实故事的细节。
- 传递和记录故事细节的测试，用来判定故事是否完成。

由于用户故事通常用手写的纸质卡片来描述完成，荣恩（Ron Jeffries）用了 3 个首字母相同的单词来描述：卡片（Card）、对话（Conversation）和确认（Confirmation）[Jeffries 2001]。卡片可能是用户故事最可视化的表现形式，但它不是最重要的。瑞秋（Rachel Davies）在《敏捷教练》一书中表示，卡片“表现客户需求，而不是记录它们”。这是思考用户故事的最佳方式：尽管卡片可能包含故事的文本，但细节在对话中确认，并在确认后记录下来。

故事卡 1.1 是一个用户故事的例子，这是一个来自假想的 BigMoneyJobs 职位招聘和搜索网站的故事卡。

用户可以在网站上发布简历。

故事卡 1.1　一个写在卡片上的用户故事雏形

为了保持一致性，这本书其余部分的示例都将取自 BigMoneyJobs 网站。其他关于 BigMoneyJobs 的例子可能包括下面几个。

- 用户可以搜索工作。

① 中文版编注：采用网络图来描述一个项目的任务网络，可以给出每个任务的开始时间，不足的是无法体现任务之间的并行关系。

- 公司可以发布新的职位空缺。
- 用户可以限制查看到简历的人。

因为用户故事表达的功能应该对用户是有价值的，下面的例子对这个系统而言并不是一个好的用户故事。

- 该软件将用 C++写。
- 该程序将通过连接池连接到数据库。

第一个例子对于 BigMoneyJobs 来说不是一个好的用户故事，因为它的用户不会关心使用哪种编程语言。但是，如果这是一个应用程序编程接口，那么作为系统的用户（她自己就是程序员）写的“该软件将用 C++编写”是不错的。

在本例中，第二个故事也不是一个好的用户故事，因为这个系统的用户并不关心应用程序如何连接到数据库的技术细节。

也许你已经读过这些故事，并且在尖叫“但是等等——使用连接池是我系统中的一个需求！”如果是这样的话，请等一下，关键是要以能够体现客户价值的方式编写故事。有一些方法可以来表达这样的故事，我们会在第 2 章中看到这样的例子。

细节在哪里？

说明“用户可以搜索工作”是一件事，把它作为指导用来开始编码和测试是另外一件事。细节在哪里？ 需要解答的问题可能如下。

- 用户可以搜索哪些值？州？城市？工作职位？关键字？
- 用户必须是网站的注册会员吗？
- 可以保存搜索参数吗？
- 匹配的工作要显示哪些信息？

这些细节可以用额外的故事来表达。事实上，更多的小故事要优于庞大的故事。例如，整个 BigMoneyJobs 网站可以描述成这两个故事。

- 用户可以搜索工作。
- 公司可以发布空缺职位。

很明显，这两个故事太大了，用处不大。第 2 章能够完全解决故事大小的问题。一个出发点是，好的故事可以在一天半到两周的时间里由一个或者两个程序员进行编码和测试实现。而前面的两个故事可以很容易地覆盖 BigMoneyJobs 网站的大部分功能，所以大多数程序员可能会花上一周多的时间。

当一个故事太大时，可以称为“史诗”。史诗可以拆分为两个或者更多个较小的故事。例如，史诗“用户可以搜索工作”可以拆分成以下几个故事。

- 用户可以通过诸如工作地点、薪资范围、职位名称、公司名称和工作发布日期等字段来搜索工作。
- 用户可以查看搜索到的相匹配的每个工作的信息。
- 用户可以查看已经发布的工作所属公司的详细信息。

然而，直到有了一个包括所有最终细节的故事，才不会继续拆分故事。例如，“用户可以查看搜索到的相匹配的每个工作的信息。”就是一个非常合理和真实的故事。

不需要进一步将其拆分为下面几项。

- 用户可以查看工作描述。
- 用户可以查看工作的薪资范围。
- 用户可以查看工作的地点。

与此类似，在典型的需求文档中不需要增加这种样式的用户故事。

4.6　用户可以查看搜索到的相匹配的每个工作的信息。

4.6.1　用户可以查看工作描述。

4.6.2　用户可以查看工作的薪资范围。

4.6.3　用户可以查看工作的地点。

与其将所有这些细节描述为故事，不如让开发团队和客户讨论这些细节。也就是说，在细节变得重要的时候，再对细节进行讨论。在一个基于对话的故事卡上做一些注释是没有错的，如故事卡 1.2 中所示。然而，相对故事卡上的注释，对话才是关键。三个月之后，开发人员和客户都不能指着卡片说：“但是，看，我说的就在这里。”故事不是合同义务。正如所看到的，记录的达成一致的内容通过了测试，这表明一个故事已经正确开发好。

用户可以查看搜索到的相匹配的每个工作的信息。 Marco 说要显示描述、薪资和地点。

故事卡 1.2　带有注释的故事卡

“需要在多长时间内完成？”

记得当年上高中文学课，每次写论文作业的时候，我总是问老师：“需要在多长时间内完成？”老师们向来不喜欢我们提这个问题，但我仍然认为这是一个公平的问题，因为它能告诉我他们的期望是什么。理解项目用户的期望也是同样重要的。这些期望最好以验收测试的形式记录下来。

如果使用的是纸质卡片，可以把卡片翻过来，从背面得到这些期望。这些期望写成提示，说明如何测试卡 1.3 中的故事。如果使用的是电子系统，它应该有一个可以输入验收测试的地方。

> 用留空的工作描述来尝试。
> 用真实的较长的工作描述来尝试。
> 用缺失的薪资来尝试。
> 用六位数的薪资来尝试。

故事卡 1.3　故事卡的背面保留关于怎样测试故事的提示

测试的描述是简短而不完整的，可以在任何时候添加或者删除测试。目标是传递关于这个故事的更多信息，这样开发人员就可以知道他们什么时候已经完成了。就像我老师的期望对我来说很有用，因为我知道我写了关于《白鲸记》[①]的文章。对于开发人员来说，了解客户的期望是很有用的，好知道他们什么时候算是真正的完成。

客户团队

在一个理想的项目中，有一个人给开发人员排好工作优先级，负责全面解答他们的问题，在完成的时候使用软件，并写完所有的故事。这几乎是可遇而不可求的，所以我们建立了一个客户团队。客户团队包括那些确保软件能够满足其预期用户需求的人员，这意味着客户团队可能包括测试人员、产品经理、真实的用户和交互设计人员。

① 中文版编注：19 世纪美国最重要的小说家赫尔曼 • 梅尔维尔（1819—1891）在 1851 年发表的一部海洋题材的小说。讲的是船长捕鲸、杀鲸以及最后与鲸同归于尽的故事，1956 年发行同名电影。《白鲸》、《熊》（福克纳著）和《老人与海》（海明威著）被誉为美国文学史上的三大动物史诗。

使用故事的过程是什么样的？

和以前习惯的相比，一个使用故事的项目将会带给你一种不同的感觉和节奏。使用传统的面向瀑布的过程会导致一个循环，即编写所有需求、分析需求、设计解决方案、编码实现解决方案，然后最终测试它。在这种类型的过程中，客户和用户通常在开始编写需求和最终接受软件的时候参与，但是在编写需求和最终接受之间的过程，用户和客户可能几乎完全没有参与。到如今，我们已经知道这是行不通的。

在一个故事驱动的项目中，首先关注的第一要事就是客户和用户在整个项目期间都保持参与其中。在项目的中途，他们不会被期望（或者允许！）消失。不管团队是否在使用极限编程（XP，参见附录 A 获得更多信息），敏捷版本的统一过程，像 Scrum 一样的敏捷过程（见第 15 章），或者是一个原生的、故事驱动的敏捷过程。

新软件的客户和预期用户应该准备在编写用户故事时扮演非常积极的角色，特别是在使用极限编程时。编写故事的过程最好从考虑预期系统的用户类型开始。例如，如果你正在构建一个旅游预订网站，你可能会有一些用户类型，例如飞行常客、度假计划者等等。客户团队应该包含尽可能多的用户类型的代表，但是如果做不到这点，用户角色建模就有帮助。（关于这一主题的更多内容，请参阅第 3 章）。

为什么客户要写故事？

是客户团队而不是开发人员来编写用户故事有两个主要原因。首先，每个故事都必须用业务语言而不是技术术语来编写，这样客户团队就可以排列故事的优先级并纳入到迭代和发布中。其次，作为主要的产品愿景责任人，客户团队处于描述产品行为的最佳位置。

一个项目的初始故事通常都是在一个故事编写工作坊里写出来的，但故事可以在整个项目的任何时候来编写。在故事编写工作坊中，每个人都尽可能多地进行头脑风暴。有了一个初始的故事集，开发人员就可以估算每个故事的大小。

客户团队和开发人员协同选择一个大约持续时间从 1 周到 4 周长的迭代长度，项目期间会使用同样长度的迭代。在每次迭代结束时，开发人员将负责交付应用程序的某个完全可用的代码子集。在迭代过程中，客户团队仍然高度参与，与开发人员一起讨论在迭代过程中开发的故事。在迭代过程中，客户团队还详细地定义测试，并与开发人员一起工作，运行自动化测试。同时，客户团队确保项目不断向前推进，及时交付产品。

一旦选择了迭代的长度，开发人员就会估算他们在每次迭代中能够完成多少工作，我们称之为“速率”。因为没有办法预先知道速率，所以团队对速率的初始估算是不准确的。然而，我们仍然可以使用最初的估算来粗略估计发布计划中每一次迭代将要包含的工作量以及需要多少次迭代。

为了计划发布，我们将故事分成不同的批次，每一批次代表一次迭代。每一批次都将包含一些故事，这些故事的估算总和不超过估算的速率。最高优先级的故事会进入第一批次，当这批次报满时，次高优先级的故事就会进入第二批次（代表第二次迭代）。如此往复，直到你的批次累积时长超过了项目时限要求或者直到这些批次体现了一个令人满意的新产品的发布。（关于这些主题的更多内容，请参阅第 9 章和第 10 章。）

在每次迭代开始之前，客户团队可以对计划进行中途修正。当迭代完成时，我们可以获悉开发团队的实际速率，并且可以使用它来取代估算的速率。这意味着每一批次的故事都需要通过添加或者删除故事来进行调整。另外，有些故事会比预期的要容易得多，这意味着团队有时想在这次迭代中考虑额外增加一个故事来做。但是有些故事比预期的要难，这意味着有些工作需要转移到后期的迭代中，或者完全移出发布。

计划发布和迭代

一个发布是由一个或者多次迭代组成的。发布计划是指在预定的时间表和所需的功能集之间确定一个平衡。迭代计划是指在这次迭代中选择要包含的故事。客户团队和开发人员都参与发布计划和迭代计划过程。

为了计划发布，客户团队开始对故事进行优先级排序。进行优先级排序要考虑如下因素。

- 这一特性对大多数用户或者客户是否具有吸引力。
- 对于少数重要用户或者客户来说，这一特性是否具有吸引力。
- 故事与其他故事之间的内聚关系。例如，一个“缩小显示”的故事可能它自身不具有高优先级，但是如果作为故事“放大显示”的补充，它就具有了高优先级。

对于许多故事，开发人员可能有不同的优先级定义。他们可能建议，故事的优先级应该根据技术风险或者因为它与另一个故事的互补关系而改变。客户团队应该听取他们的意见，应该坚持交付组织最大化价值的原则，然后调整故事的优先级。

故事在优先级排序时必须考虑成本。去年夏天我的度假胜地本来是塔希提岛[1]，直到我考

① 中文版编注：即我们熟悉的大溪地，是南太平洋中部法属玻里尼西亚社会群岛中向风群岛最大的一座岛屿，传言中最接近天堂的地方，当地的黑珍珠尤为有名。毛姆在《月亮与六便士》中提及该岛，讲的是画家高更在此创作了传世之作。

虑了它的开销，正是由于这一点，其他地点的优先级上升。所以要优先考虑每个故事的成本，故事的成本是由开发人员估算给出的。每个故事都有一个故事点数的估算，它显式表明这个故事相对于其他故事的规模大小和复杂性。因此，估算有 4 点的故事是 2 点的故事的两倍。

通过给发布中的迭代分配故事来逐步构建发布计划。开发人员说明他们预期的速率，也就是他们认为每次迭代完成的故事点的数量。然后客户将故事分配到迭代，确保分配给每次迭代的故事点的数量不会超过预期的团队速率。

例如，假设表 1.1 列出了项目中所有的故事，它们按照降序排列。团队估算每次迭代的速率为 13 点。故事将被分配到迭代，如表 1.2 所示。

因为团队期望的速率是 13，所以没有迭代的计划超过 13 点。这意味着第 2 和第 3 次迭代计划只有 12 点。不要担心评估的精确性不够精确，如果开发人员的速率比计划的要快，他们会要求再加一两个小故事。注意，在第 3 次迭代中，客户团队实际上选择了将故事 J 包含在更高优先级的故事中，这是因为故事 I 是 5 点，太大了，无法包含在第 3 次迭代中。

表 1.1　示例故事和成本

故事	故事点
故事 A	3
故事 B	5
故事 C	5
故事 D	3
故事 E	1
故事 F	8
故事 G	5
故事 H	5
故事 I	5
故事 J	2

表 1.2　表 1.1 中故事的发布计划

迭代	故事	故事点
迭代 1	A，B，C	13
迭代 2	D，E，F	12
迭代 3	G，H，J	12
迭代 4	I	5

可以暂时跳过大故事，在迭代中放入更小故事的替代方法，是把大的故事拆分成两个故事。假设 5 点的故事 I 我可以拆分成故事 Y（3 点）和故事 Z（2 点）。故事 Y 包含了旧故事中最重要的部分，可以适合第 3 次迭代，如表 1.3 所示。关于如何和何时拆分故事的建议请参见第 2 章和第 7 章。

表 1.3　拆分故事创建一个更好的发布计划

迭代	故事	故事点
迭代 1	A，B，C	13
迭代 2	D，E，F	12
迭代 3	G，H，Y	13
迭代 4	J，Z	4

什么是验收测试？

验收测试用来验证每个故事被开发出来是否符合客户团队的期望。一旦迭代开始，开发人员开始编码，客户团队开始定义测试，从故事卡背面编写测试到将测试放入自动化测试工具中，为了更好地完成这些技术任务，应该在客户团队中包含一个专门的、熟练的测试人员。

测试应该尽可能早地在迭代中编写（或者甚至在迭代之前，如果对即将到来的迭代里将要发生的事情有预测）。尽早编写测试是非常有用的，这样更多的客户团队的假设和期望可以被提前告知开发人员。例如，假设你写了一个故事，“一个用户可以用信用卡支付她购物车里的商品”。然后把这些简单的测试写在故事卡的背面。

- 通过 Visa 信用卡、万事达信用卡和美国运通卡进行测试。（通过）
- 用大来卡[①]进行测试。（失败）
- 使用 Visa 借记卡进行测试。（通过）
- 用卡片背面的有效的、无效的和丢失的卡号进行测试。
- 使用过期卡测试。
- 用不同的购买金额进行测试（包括在卡片的限制范围内）。

---

① 中文版编注：大来卡，第一张塑料付款卡，1950 年由弗兰克·麦克纳马拉等三人联手创办的俱乐部发行，英文原文的意思是“食客俱乐部”，凭此卡可以在纽约的 27 家餐厅结账。首批大来卡有 200 多个用户，到 50 年代末期，用户有 2 万人，签约餐厅超过 1 千家。1981 年，花旗银行接手。2004 年，大来卡与万事达卡达成协议，可用后者的 16 位卡号，并加上后者标志。2009 年，花旗银行将大来卡的北美专营权转让给了蒙特利尔银行。

这些测试反映了该系统将处理 Visa 信用卡、万事达信用卡和美国运通卡，并将不允许使用其他卡进行购买。通过将这些测试提前给到程序员，客户团队不仅陈述了他们的期望，还可能使程序员想起了她曾经忘记的情况。例如，她可能忘记了考虑过了有效期的卡片。在她开始编程之前，在卡片背面做一个测试将会节省她的时间。关于编写验收测试的更多内容，请参见第 6 章。

为什么要改变？

你可能会问到这几个问题："为什么要改变？为什么要写故事卡，并保持所有这些对话？为什么不继续编写需求文档或者用例呢？"因为用户故事展现了许多优于其他方法的优点。在第 13 章中提供了更多的细节，一些使用用户故事的原因如下。

- 用户故事强调的是口头沟通而不是书面沟通。
- 用户和开发人员都可以理解用户故事。
- 用户故事的大小适合做计划。
- 用户故事适用于迭代开发。
- 用户故事鼓励推迟细节，直到你对自己真正需要的东西有了最好的了解。

因为用户故事的重点在于对话和远离书面，所以重要的决定不会被记录在不太可能被阅读的文档中。相反，关于故事的重要方面会记录在自动化验收测试中频繁运行。此外，我们避免使用含混不清的书面文档，比如：

> 系统必须存储地址和业务电话号码或者移动电话号码。

这是什么意思？这可能意味着系统必须存储其中一个：

> （地址和商务电话）或者移动电话；
> 地址和（商务电话或者移动电话）；
> 因为用户故事没有技术术语（请记住，是客户团队编写了这些业务术语），
> 所以无论是开发人员还是客户团队都可以理解它们。

每个用户故事都代表一个独立的功能块，换言之，就像用户在一个单一环境下可能做的事情。这使得用户故事适合成为一种做计划的工具。你可以评估在不同的发布版本之间调整故事顺序的价值，这远胜于估计去掉一个或者多个"系统应该……"类似陈述所产生的影响。

迭代过程是一个逐步求精的过程。开发团队对系统进行第一次切割实现，知道它在某些（可能是许多）区域是不完整的或者薄弱的。然后，他们不断细化这些领域，直到产品

令人满意为止。每一次迭代都通过增加更多细节来改进软件。对于迭代开发来说，故事可以很好地适用，因为它也可以迭代这些故事。对于一个你最终想要的但现在并不重要的特性，你可以先写一个大的故事（一个史诗）。当你准备把这个故事添加到系统中，你可以丢弃史诗，用更小的故事来代替、并且完善它。

允许故事鼓励细节延迟，使故事集能够迭代这一能力得以体现。假如今天你为系统的一部分编写了一个占位符史诗，就没有必要写出这部分的故事，除非马上就要开发实现这部分。推迟确定细节是很重要的，因为它允许我们在不确定新特性是否真的被需要之前就不需要花费时间去考虑。故事劝阻我们不要假装知道并事先写下所有东西，相反，故事鼓励这样一个过程：在客户团队和开发人员之间的讨论中，软件被迭代细化。

小结

- 故事卡包含对用户或者客户有价值的功能的简短描述。
- 故事卡是故事的可见部分，但重要的部分在于客户和开发人员之间关于故事的对话。
- 客户团队包括确保软件能够满足预期用户需求的人员。这可能包括测试人员、产品经理、真实的用户和交互设计师。
- 客户团队编写故事卡是因为他们在表达所需功能方面处于最佳位置，因为他们稍后必须能够与开发人员讨论故事细节，并对故事进行优先级排序。
- 故事根据它们对组织的价值进行优先级排序。
- 通过将故事放入迭代中来计划发布和迭代。
- 速率是开发人员可以在迭代中完成的工作量。
- 在迭代里，故事的估算总和不能超过开发人员对该迭代的预测速率。
- 如果一个故事在一次迭代中不适合，可以把故事拆分成两个或几个更小的故事。
- 验收测试验证了故事是否是依据客户团队在写下故事时头脑中的样子来开发实现的。
- 用户故事是值得使用的，因为它们强调口头沟通，你和开发人员可以同样地理解它们。它们可以用于计划迭代，在迭代开发过程中很好地适配迭代，而且用户故事鼓励推迟细节。

思考练习题

1.1 用户故事的三个部分是什么？

1.2 客户团队中包括哪些人？

1.3 下面这些用户故事好吗？为什么？

a. 用户能够在 WINDOWS XP 和 Linux 上运行系统。

b. 所有的图形和图表都将使用一个第三方库来完成。

c. 用户可以撤销多达 50 个命令。

d. 该软件将于 6 月 30 日发布。

e. 该软件将用 Java 编写。

f. 用户可以从下拉列表中选择她的国家。

g. 该系统将使用 Log4J 将所有错误消息记录到一个文件中。

h. 如果用户 15 分钟还没有保存操作，系统就会提示用户保存她的工作。

i. 用户可以选择“导出到 XML”的特性。

j. 用户可以将数据导出为 XML 格式。

1.4 需求对话比需求文档有哪些好处？

1.5 为什么要在故事卡的背面写测试？

第 2 章

编写故事

在这一章里，我们将介绍如何编写故事。为了创建好的故事，我们需要关注六个特征。一个好的故事应该具备以下特征（INVEST）：

- 独立的（Independent）
- 可协商的（Negotiable）
- 对用户或客户有价值的（Valuable to users or customers）
- 可估算的（Estimatable）
- 小的（Small）
- 可测试的（Testable）

《极限编程》（*Extreme Programming Explored*）和《重构实践手册》（*Refactoring Workbook*）的作者比尔·威克（Bill Wake）建议用单词首写字母缩写 INVEST 指代这六个特征（Wake 2003a）。

独立的

我们应该尽量避免故事之间相互依赖。故事间的相互依赖会导致优先级排序和计划出现问题。例如，假设客户选定了一个高优先级的故事，而这个故事却依赖于一个低优先级的故事，这样就会产生问题。

故事间的相互依赖也会使估算变得更加困难。例如，假设我们在 BigMoneyJobs 网站上工作，需要编写故事：公司如何为在网站上发布职位进行付费。我们可以写出如下这些：

1. 公司可以用 Visa 信用卡对发布职位进行付费。
2. 公司可以用万事达信用卡对发布职位进行付费。
3. 公司可以用美国运通卡对发布职位进行付费。

假设开发人员估算需要 3 天的时间来支持第一种信用卡（不管它是哪种），然后给第二种和第三种各分别需要 1 天。对于像这些有相互高依赖关系的故事，你不知道如何对每个故事进行估算—哪个故事应该给 3 天的估算？

当故事间出现这种依赖时，有两种应对方法可以避免。

- 将相互依赖的故事合并成一个更大但独立的故事。
- 寻找一种不同的方式来拆分故事。

将不同种类的信用卡合并成一个独立的大故事（“公司可以使用信用卡对发布职位进行付费”）是不错的，因为合并后的故事只需要 5 天时间。如果合并后的故事花费的时间要比这长得多，通常一个更好的方法是找一个不同的维度来拆分故事。如果对这些拆分后故事的估算时间更长，那么另一种拆分方法如下：

1. 客户可以用一种信用卡支付。
2. 客户可以用另外两种信用卡支付。

如果你不想将这些故事合并在一起，并且无法找到一个很好的方法来拆分它们，那么你还可以采用简单的方法，即在故事卡上放两个估算值：较高的估算值给二者之间必须在前面完成的故事，较低的估算值给后面接着要完成的故事。

可协商的

故事是可协商的，它们不是签署好的书面合同或者是软件必须实现的需求。故事卡是对功能的简短描述，其细节是在客户和开发团队之间的对话中协商产生的。因为故事卡本身并不是详细的需求，而是用来提示客户和开发团队进行对话的，所以它们不需要包括所有相关的细节。然而，在编写故事的时候，如果一些重要的细节是已知的，那么就应该把它们包括在故事卡的注释中，如故事卡 2.1 所示。挑战在于如何掌握包含“足够”的细节。

公司可以用信用卡支付发布职位的费用。
注释：接受 Visa 信用卡、万事达信用卡和美国运通卡。考虑美国发现卡。

故事卡 2.1　一个注释了额外细节的故事卡

故事卡 2.1 是一个不错的故事卡，因为它提供了适量的信息供开发人员和客户讨论。当一个开发人员开始编码实现这个故事时，故事卡会提示她必须支持三种主卡（Visa 信用卡、万事达信用卡和美国运通卡），同时她也可以询问客户是否已经决定接受美国发现卡。卡片上的注释可以帮助开发人员和客户恢复之前中断的对话。理想的情况下，不管是原来对话的开发人员和客户，还是其他的开发人员和客户，对话都应该能够恢复。把细节加入故事时，应该以此为指导原则。

另一方面，让我们思考一个带有太多注释的故事，如故事卡 2.2 所示。这个故事有太多的细节（“收集卡片的过期月份和日期”），还结合了一个单独的故事（“系统可以存储一个卡号供将来备用”）。

> 公司可以用信用卡支付发布职位的费用。
> 注释：接受 Visa 信用卡、万事达信用卡和美国运通卡。考虑美国发现卡。当支付金额超过 100 美元时，需要提供卡背面的 ID 号。系统可以根据卡号的前两位数字识别客户使用的是何种类型的信用卡。系统可以存储卡号以备将来使用。收集信用卡的过期月份和日期。

故事卡 2.2　细节过多的故事卡

处理故事卡 2.2 这样的故事是非常困难的。大多数读者在阅读这种故事时，会错误地关注本不应该关注的细节。然而，在许多情况下，过早指定细节只会产生更多的工作。例如，如果两个开发人员讨论和估算一个简单的故事“公司可以用信用卡支付发布职位的费用”，开发人员知道他们的讨论有点抽象，他们不会误以为他们的讨论是明确的，或者他们的估算是准确的，因为缺少太多的细节。然而，如果向故事卡中添加更多类似故事卡 2.2 中的细节，关于这个故事的讨论就有可能变得更加具体和真实。但这可能会导致错误的判断：故事卡反映了所有的细节，没有必要再与客户进一步讨论这个故事了。

如果我们把故事卡看作是开发人员和客户进行对话的一种提示，那么故事卡中包含如下信息就是很有价值的。

- 用来提示保持开发人员和客户对话的一两句话。
- 在整个对话期间待解决问题的注释。

已经通过对话确定的细节将变成测试。如果使用纸质故事卡，我们可以在故事卡背面注明测试内容，如果使用电子系统，可以标注在合适的地方。故事卡 2.3 和故事卡 2.4 展示了故事卡 2.2 中的过多细节如何变成测试，用于提示对话的注释可以留存在故事卡正面。这样，故事卡的正面包含故事本身和关于相关问题的注释，而卡片的背面则包含用于验证故事是否像预期的那样，以测试形式体现的故事细节。

公司可以用信用卡支付发布职位的费用。
注释：我们需要接受美国发现卡吗？
UI 注释：不需要专门的字段来输入信用卡类型（可以从信用卡号的前两位来获得该信息）

故事卡 2.3　修正后的故事卡正面（只有故事和需要讨论的问题）

对用户或客户有价值的

“每个故事对用户必须有价值”听上去很有吸引力，但是可能并不适当。一些项目包括了对用户并不重要的故事。要注意用户（使用软件的人）和客户（购买软件的人）之间的区别，假设开发团队正在构建一个软件，该软件将部署在一个具有 5000 台计算机基数用户群的公司中。这个产品的客户可能会非常担心 5000 台计算机中的每一台是否都使用了相同的软件配置。这可能会产生这样的故事：“所有配置信息都是从中心位置读取的。”用户不会关心配置信息存储在哪里，但客户可能会关注。

用 Visa 信用卡、万事达信用卡和美国运通卡测试（通过）。
用大来卡测试（失败）。
用有效的、无效的和丢失的卡号测试。
用过期卡测试。
用多于 100 美元和少于 100 美元进行测试。

故事卡 2.4　隐含测试用例的细节需要从故事中抽离出来，这里把它们放在故事卡的背面

类似下面的故事可能对考虑购买的客户有价值，但是对实际用户却并不重要。

- 在整个开发过程中，开发团队将编制符合 ISO 9001 审核标准的文件。
- 开发团队将依照 CMM 3 级的标准来构建软件。

要避免只对开发人员有价值的故事。例如，应该避免下面这样的故事。

- 所有与数据库的连接都是通过连接池进行的。
- 所有的错误处理和日志记录都是通过一组公共类完成的。

上面所写的故事都关注在技术和实现上。这些故事背后的想法很有可能是好的，但它们应该能够清晰地描述出能够给客户或用户带来什么利益，从而使客户能够方便地将这些

故事排列优先级，并划分到开发计划中。这些故事更好的版本可能如下。

- 最多 50 个用户应该能够使用 5 用户的数据库许可来使用该应用程序。
- 所有错误都会以一致的方式呈现给用户并记录。

同样，将用户界面假设和技术假设从故事中抽离出来是值得的。例如，前面修改后的故事去掉了连接池的使用和一组错误处理类。

确保每个故事对客户或用户有价值的最好方法是让客户来编写故事。开始时客户通常不愿意这样做，可能因为开发人员以前总是令客户认为，他们所写的东西以后可能会对他们产生不利（“嗯，需求文档并没有说……”）。一旦客户习惯于故事卡不是正式的承诺或者是对功能的特定描述，而只是对稍后进行讨论的提示，大多数人都会开始自己编写故事。

可估算的

对于开发人员来说，能够估算（或者至少猜测）一个故事的大小或者将一个故事转换成工作代码所需要的时间是很重要的。有下面三个常见的原因可以解释为什么一个故事是无法估算的。

1. 开发人员缺少领域知识。
2. 开发人员缺少技术知识。
3. 故事太大了。

首先，开发人员可能缺少领域知识。如果开发人员不理解故事，他们应该与写故事的客户进行讨论。虽然，没有必要了解故事的所有细节，但是开发人员需要对这个故事有一个大致的理解。

其次，一个故事可能无法估算是因为开发人员没有掌握相关的技术。例如，在一个 Java 项目中，我们需要向系统提供一个 CORBA 接口。团队中没有人有相关经验，所以就没有办法估算任务。在这种情况下，可以让一个或者多个开发人员实施极限编程（XP）中所谓的探针（Spike），探针是指通过简单的尝试来了解一个领域。在探针期间不需要开发人员做十分深入的研究，仅当开发人员学习到足够估算任务的那个时候即可。探针本身会限定一个最大的时间量（称为“时间盒”），我们用时间盒估算探针。这样一来，一个无法估算的故事就变成了两个故事：一个快速的探针故事用来收集足够的信息，然后另一个故事来完成真正的功能实现。

最后，开发人员可能无法估算一个故事是因为它太大。例如，在 BigMoneyJobs 网站上，

“找工作的人找工作”这个故事太大了。为了估算这个问题，开发人员需要将其分解成更小的多个组件故事。

缺乏领域知识

举一个需要更多领域知识的例子，我们正在构建一个长期治疗慢性病的网站。客户（一位资深的护士）写了一个故事：“新用户需要做糖尿病筛查。”开发人员不确定这意味着什么，可能的范围包括从简单的网络问卷调查，到实际向新用户发送一些东西来进行家庭体检，就像同样为哮喘病人做的产品一样。当开发人员与客户在一起讨论时才发现她考虑的只是一个有几个问题的简单的线上调查表单。

尽管故事的规模太大无法可靠地估算，但有时也会很有用，比如“找工作的人可以找到工作”这种史诗。因为史诗可以充当占位符或者用来提示系统的重要的需要讨论的部分。如果你有意识地决定暂时忽略一个系统的大部分，那就考虑写一两个史诗来涵盖这些部分。史诗可以分配给一个巨大的较虚的估算。

小的

就像金发女孩（Goldilocks）[①]寻找舒适的床一样，有些故事太大，有些太小，有些则恰到好处。故事大小很关键，因为如果故事太大或者太小，都无助于计划。史诗在工作中很难应用，因为它们经常包含多个故事。例如，在旅游预订系统中，“用户可以计划休假”是一个史诗。计划休假是旅行预订系统的重要功能，包含很多任务。史诗应该拆分为多个较小的故事。最终确定一个故事是否大小适当取决于团队规模、团队能力和使用的技术。

拆分故事

史诗一般分为以下两种。

- 复合故事。
- 复杂故事。

复合故事是由多个较小的故事组成的史诗。例如，BigMoneyJobs 系统可能包括这样的故事“用户可以发布自己的简历”。在系统最初规划时这个故事可能是合适的。但是当开

---

① 中文版编注：《金发女孩和三只小熊》中的人物，后来因此产生一个新的经济名词“金发姑娘效应”，即“刚刚好”，不简不繁，不大不小。不高不低，不冷不热。

发人员与客户讨论时，他们发现“发布简历”实际上包括以下几点。

- 简历包括教育信息、工作经历、薪资历史、出版物、演讲、社区服务和求职目标。
- 用户可以将简历标记为非激活状态。
- 用户可以有多份简历。
- 用户可以编辑简历。
- 用户可以删除简历。

上述需求取决于开发完成需要的时间量，每一个都可以成为独特的故事。然而，也不能走向另一个极端，把它变成一系列太小的故事。例如，根据使用的技术和团队的规模大小和技能情况，下面这样的故事通常都太小了。

- 求职者可以在简历中输入每个社区服务条目的日期。
- 求职者可以在简历上编辑每个社区服务条目的日期。
- 求职者可以在简历上输入每一份之前的工作的日期范围。
- 求职者可以在简历上为每一份之前的工作编辑日期范围。

一般来说，更好的方法是将多个较小的故事合并如下。

- 用户可以创建简历，包括教育信息、工作经历、薪资历史、出版物、演示文稿、社区服务和目标。
- 用户可以编辑简历。
- 用户可以删除简历。
- 用户可以有多个简历。
- 用户可以激活简历，也可以使简历失效。

通常有很多方法来拆分一个复合故事。前面的拆分是依照创建、编辑和删除等通常使用的操作来拆分的。如果关于“创建”的这个故事足够小，就可以把它作为一个故事来处理。另一种方法是根据数据的边界进行拆分。要做到这一点，可以将简历的每一个组成部分单独地添加和编辑。这就导致了如下一个完全不同的分类。

- 用户可以添加和编辑教育信息。
- 用户可以添加和编辑工作经历信息。
- 用户可以添加和编辑薪资历史信息。
- 用户可以添加和编辑出版物。
- 用户可以添加和编辑演示文稿。
- 用户可以添加和编辑社区服务。
- 用户可以添加和编辑一个目标。

等等。

与复合故事不同，复杂故事是一个用户故事，但是它本身庞大，不容易拆分成一组组件故事。如果一个故事因为与它相关的不确定性而变得复杂，你可能会想把故事拆分成两个故事：一个是研究性的，另一个是开发新功能的。例如，假设开发人员给出了“一个公司可以用信用卡支付职位招聘”的故事，但没有一个开发人员曾经做过信用卡处理的相关工作。他们可能会选择把故事拆分成下面两部分。

- 在网上研究信用卡处理过程。
- 用户可以用信用卡支付。

在这种情况下，第一个故事将会以探针形式让一个或者多个开发人员进行研究试验。当复杂故事以这种方式拆分时，总是用时间盒来限定研究性故事或者探针故事。即使这个故事不能以任何合理的准确性进行估计，我们仍然可以用时间盒来定义花费在学习上的最大时长。

在开发新的或者扩展已知算法时，复杂故事也很常见。有家生物技术公司的一个团队有一个故事：将新的扩展添加到称为期望最大化的标准统计方法中。这个复杂故事被改写成两个故事：第一个是研究和确定扩展标准统计方法期望最大化的可行性；第二个是将该功能添加到产品中。在这样的情况下，很难估计研究性故事要花费多长时间。

考虑把探针放入不同的迭代中

可能的话，把研究性（探针）故事放入迭代，而其他的故事放入后续的一个或者多次迭代是比较有效的。一般情况下，只有研究性的故事可以估算。如果一次迭代既包括研究性故事也包括无法估算的故事，往往意味着不确定性会高于正常水平，因为我们无法预知这次迭代可以完成多少工作内容。

拆分一个无法估算的故事的主要好处是能够让客户将研究性故事从新功能之中分离出来并进行优先级排序。如果客户只对复杂的故事进行优先级排序（“添加新的扩展到标准的 EM”）和估算，那么她可能会根据错误的假设来排列故事优先级和预估新功能交付的大概时间表。反之，客户有一个研究性的探针故事（“研究扩展 EM 的可行性”）和一个功能性的故事（“扩展 EM”），她必须在这次迭代中进行选择：要么增加没有新功能的研究性故事，要么加入一些其他的故事来增加新功能。

合并故事

有时候故事太小了。通常情况下，一个太小的故事是开发人员说她不想写出来或者估算的故事，因为这样做可能比去实现故事需要花费的时间更长。常见的典型太小的故事例子比如 bug 报告和用户界面更改。在极限编程团队中，一个很好的方法是将它们合并成更大的故事，估算大约从半天到几天。合并后的故事像其他故事一样被赋予一个名字，然后进行计划并实现。

例如，假设一个项目有 5 个 bug，并且请求在搜索界面上更改一些颜色。开发人员可以估算涉及到的全部工作，并把整个集合当作一个单独的故事来处理。如果选择使用纸质卡片，可以把它们用一张封面卡片装订在一起。

可测试的

故事必须是可测试的。成功通过测试可以证明一个故事已经成功地开发完成。如果故事无法被测试的话，开发人员如何知道他们何时已经完成了编码？

不可测试的故事通常出现在非功能需求中，这些需求是关于系统的需求，但不是直接关于功能的。

例如，考虑如下非功能性故事。

- 用户必须感觉软件易于使用。
- 任何界面的出现都不要让用户等太久。

可见，这些故事是不可测试的。只要有可能，测试应该是自动化的。这意味着要努力实现 99%的自动化，而不是 10%。能自动化的测试几乎总是比你想象的更多。当一个产品被增量地开发时，事情可能会很快发生变化，昨天工作的代码可能在今天就会停止正常工作，这时候你需要自动化测试来尽快发现问题所在。

总有一小部分测试不能实现真正的自动化。例如，一个用户故事说“一个新用户能够在没有培训的情况下完成普通的工作流”，这个可以进行测试，但不能实现自动化。测试这个故事可能需要一个人为因素专家设计一个测试，这个测试包括对一个典型的新手用户的随机样本的观察。这种类型的测试既耗时又昂贵，但这个故事是可测试的，而且可能适合某些产品。

“任何界面的出现都不要让用户等太久。”这样的故事是不可测试的，因为它说“都不要”，而且它没有定义“等待时间”到底是多长时间，证明从未发生的事情是不可能的。一个更简单、更合理的目标，就是证明某些事情很少发生。这个故事本来可以写成，“在 95%的情况下，新的界面在 2 秒钟之内出现。” 甚至可以编写一个自动化测试来验证这一点。

小结

- 理想情况下，故事是彼此相互独立的。这在一定程度上较难做到，但写出来的故事只有彼此相互独立，才能便于以任意的顺序进行开发实现。
- 故事的细节在用户和开发人员之间是可协商的。
- 故事对用户或者客户的价值应该清楚地写出来。实现这一目标的最佳方式是让客户写故事。
- 故事可以用细节来标注，但是细节太多的话会使故事含混不清，会给人产生错觉：开发人员和客户之间不需要对话了。
- 注释一个故事的最好方法之一就是为故事写测试用例。
- 太大的复合故事和复杂故事应该拆分成更多较小的故事。
- 多个太小的故事可以合并成一个更大的故事。
- 故事必须是可测试的。

开发人员的责任

- 开发人员有责任帮助客户编写故事，这些故事是用来承诺对话而不是需求的细节规格，故事必须是对用户或客户有价值的，具有独立性，可测试的，并且具有适当的大小。
- 如果被问及故事所用的关于技术或基础结构的信息，开发人员负责使用对用户或客户有价值的术语来描述。

客户的责任

- 客户负责写的故事是用来承诺对话，而不是需求的细节规格，同时故事必须是对用户或客户自己有价值的，具有独立性，可测试的，并且具有适当的大小。

思考练习题

2.1 对于下面的故事，请指出它是否是个好故事。如果不是，为什么？

a. 用户可以快速掌握系统。

b. 用户可以在简历上编辑地址。

c. 用户可以添加、编辑和删除多个简历。

d. 系统可以计算正态变量中二次型分布的鞍点近似值。

e. 所有运行时错误都以一致的方式记录。

2.2 将这一史诗拆分成适当大小的组件故事：“用户可以设置和更改自动化求职搜索。”

第 3 章

用户角色建模

在许多项目中，似乎只存在一种用户类型，所有故事都是从该用户类型的角度来编写的。这种简化处理是一种谬误，会导致团队漏掉那些系统主要用户类型之外其他类型用户的故事。以用户为中心的设计学科（Constantine and Lockwood 1999）和交互设计（Cooper 1999）教我们懂得在编写故事之前识别用户角色[①]和用户画像的好处。在本章中，我们将介绍用户角色、角色建模、用户角色地图和用户画像，并展示如何使用这些初始步骤来编写更好的故事，开发更好的软件。

用户角色

假设我们正在建设 BigMoneyJobs 职位发布和搜索网站。这种类型的网站有许多不同类型的用户。当我们讨论用户故事时，我们所讨论的用户都有谁？我们是在讨论一个叫 Ashish 的人，他有一个工作，但总是在关注寻找更好的职位机会？我们是在讨论一个叫 Laura 的人，一个刚毕业的大学生，正在寻找她的第一份工作？我们是在谈论一个叫 Allan 的人，允许他每天下午都可以在毛伊岛风帆冲浪的任何工作机会，他都能够接受？或者我们是在讨论一个叫 Scott 的人，他并不讨厌他的工作，但他意识到是时候该换份新工作了？也许我们是在谈论一个叫 Kindra 的人，她六个月前被解雇了，现在她准备在美国东北部寻找工作机会。

---

① 本章中很多关于用户角色的讨论都基于 Larry Constantine 和 Lucy Lockwood 的成果。更多关于用户角色建模的信息，请访问他们的网站 www.foruse.com 或者参阅 *Software for Use*(1999)一书。

或者，我们是否应该把为公司发布职位招聘的人也视为用户？也许用户是 Mario，他在人力资源部门工作，由他发布新的职位空缺。也许用户是 Delaney，他也在人力资源部门工作，但他负责审查简历。或者也许用户是 Savannah，他是一个独立的招聘人员，同时关注好的工作机会和优秀的人才。

很明显，我们不能从单一用户的角度来编写故事，让这些故事来反映所有用户的经历、背景和目标是不可能的。Ashish 是一个会计师，可能每个月只会看一次网站，只是为了让他的简历设置保持开放状态。Allan 是一个服务生，他可能需要创建一个过滤器，当网站上任何时候有夏威夷毛伊岛上的任何工作机会发布时，就要马上通知到他，但是除非我们让功能变得简单，否则他是不会使用的。Kindra 可能每天都要花几个小时寻找工作，随着时间的推移，她的职位搜索范围可能会扩大。如果 Mario 和 Delaney 在一家有很多空缺职位的大公司工作，他们可能会在网站上花上 4 个小时或者更多的时间。

虽然系统中的每个用户都有不同的背景和不同的目标，但我们可以使用术语“用户角色（User Roles）”来聚合单个用户。用户角色是属性的集合表征，属性包括用户群体的特征和该群体与系统的交互。因此，我们可以在前面的示例中查看用户，并将它们聚合为用户角色，如表 3.1 所示。

表 3.1　BigMoneyJobs 项目中一个可能的角色列表

角色	用户
求职者	Scott
初次求职者	Laura
被解雇的受害者	Kindra
工作地点搜索者	Allan
监视者	Ashish
职位发布者	Mario，Savannah
简历浏览者	Delaney，Savannah

当然，在不同的用户角色之间会有一些重叠。求职者、初次求职者、被解雇的受害者、工作地点搜索者和监视者都将使用该网站的工作搜索功能。他们可能以不同的方式和不同的频率来使用工作搜索功能，但是他们使用这个系统的方式将会是大体相似的。简历浏览者和职位发布者的角色可能也会有重叠，因为这些角色都有追求寻找优秀候选人的相同目标。

表 3.1 并不是将 BigMoney-Jobs 的用户们定义成角色的唯一可能方式。例如，我们可以选择诸如包括兼职、全职和合同工这样的角色。在本章的其余部分中，我们将讨论如何

生成一个角色列表以及如何改进该列表，使其更有效用。

角色建模步骤

我们将使用以下步骤来识别和选择有效的用户角色。

- 通过头脑风暴，创建初始的用户角色集合。
- 整理初始的角色集合。
- 聚合角色。
- 细化角色。

下面将讨论每一个步骤。

通过头脑风暴，创建初始的用户角色集合

为了识别用户角色，客户和尽可能多的开发人员可以在一个房间里，房间里有一个大桌子或者一面墙，这样他们可以用胶带或者钉子来固定卡片进行记录。理想的情况下，在启动项目时团队全体成员聚集在一起参与用户角色建模，但是这样做并不是必须的。只要一定数量的开发人员和客户共同参与，会议往往就会成功。

每个参会者从桌子中间的一堆卡片中抓取一叠卡片。（即使打算用电子方式存储用户角色，也应该从纸质卡片上开始记录。） 会议开始，每个人都在卡片上先写下角色名字，然后把卡片放在桌子上，或者把卡片粘在或者钉在墙上。

当一个新的角色卡片被放置时，卡片作者只是说出这个新角色的名字，不做其他任何别的事情。因为这是一个头脑风暴的会议，所以不会对卡片进行讨论或者对角色进行评估。相反，每个人都尽其所能的写出角色卡片。不需要大家轮流写出新角色，你不需要绕着桌子转询问别人是否有新角色。每一个参与者只要想到一个新角色，就写在一张卡片上。

在头脑风暴过程中，房间里充满了钢笔在卡片上书写的声音，偶尔会伴随着有人阅读角色的名字，并放置一张新的角色卡片。这样继续下去直到进展停滞，所有参与者们都很难想出新的角色。尽管这时你可能还没有确定所有的角色，但其实已经足够接近了。这样的头脑风暴会议很少会超过 15 分钟。

一个用户角色就是一个用户

在对项目的角色进行头脑风暴时，要坚持“已识别的角色代表的是单一用户”。例如，对于 BigMoneyJobs 项目，人们可能会忍不住写一些故事，比如“公司可以发布职位

空缺”。然而，由于“公司”是不能使用软件的，所以如果这个故事的用户不是“公司”，而是指一个独立的个体角色，那么故事就会编写得更好。

整理初始的角色集合

一旦团队完成角色识别，就准备整理识别出来的角色。让写着角色的卡片在桌子或者墙上移动，通过它们之间的位置来表明角色之间的关系。角色有互相重叠的，相应的角色卡片也互相重叠覆盖放置。如果角色重叠了一点，那么卡片就稍微重叠覆盖一点。如果角色完全重叠，那么卡片则完全重叠覆盖。图 3.1 显示了一个示例。

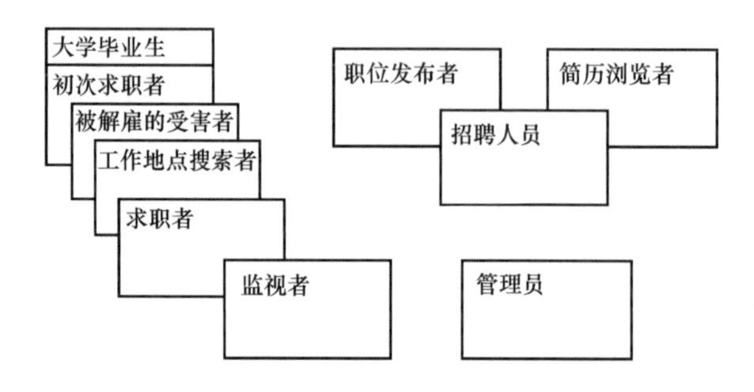

图 3.1　在桌子上整理用户角色卡片

图 3.1 显示了“大学毕业生”和“初次求职者”的角色卡片高度重叠覆盖，因为他们的角色有明显的重叠。其他代表使用该网站寻找工作机会人的角色卡片也有较少的重叠覆盖。“监视者”角色卡片与其他的角色卡片只是略有重叠覆盖，因为这个角色指的是那些在当前工作中相对快乐的人，但是他们同时喜欢睁大眼睛关注新的工作机会。

在图 3.1 中，“求职者”角色卡片的右边有“职位发布者”“招聘人员”以及“简历浏览者”的角色卡片。“招聘人员”角色卡片重叠覆盖了“职位发布者”和“简历浏览者”角色卡片，因为招聘人员既会发布职位，又会浏览简历。图 3.1 还展示了“管理员”角色卡片，这个角色代表了支持 BigMoneyJobs 网站系统运行的内部用户。

系统角色

在定义用户角色时，应该尽可能地选择定义“人”类而不是“系统”类的用户角色。如果你认为“系统”类的角色会有帮助，那就偶尔找出一个非人类的系统用户角色（non-human user role）。然而，确定用户角色的目的是确保我们能够真正地认真考虑用户，并在新的软件系统中必须绝对满足用户角色的需求。我们不需要为系统中所有可能的用户定义用户角色，但是我们需要为那些能够影响项目成败的“用户”来定义角色。

由于其他外部系统很少购买我们的系统，所以它们很少能够影响我们项目的成败。当然，也有例外，如果你觉得添加一个非人类用户角色可以帮助你思考系统，那就添加这个非人类用户角色。

聚合角色

当角色卡片被整理分组之后，应该尝试对角色卡片进行聚合简洁化处理。首先从完全重叠覆盖的卡片开始。重叠覆盖的卡片作者们分别描述各自所写角色名称的含义。经过一个简短的讨论后，团队决定重叠覆盖的角色是否是等同的。如果可以相互等同，这些角色要么合并为一个角色（可以根据两个初始角色给合并后的角色命名），要么把初始角色卡片中的一个撕掉。

在图 3.1 中，“大学毕业生”和“初次求职者”角色被显示为高度重叠覆盖。该团队决定撕掉大学毕业生角色卡片，因为任何关于类似“大学毕业生”的用户角色的故事都与“初次求职者”的故事完全相同。尽管“初次求职者”“被解雇的受害者”“工作地点搜索者”和“求职者”有着明显的重叠覆盖，但团队认为每个角色卡片都代表一个重要的群体，他们都会有重要但不易察觉的不同目标来决定他们如何使用 BigMoneyJobs 网站。

当查看图 3.1 的右侧时，团队认为将“职位发布者”和“简历浏览者”角色区分开来没有什么价值。他们决定，“招聘人员”这一角色将把那两个角色充分覆盖，所以把那两个角色的卡片都撕掉。然而，团队认为“内部招聘人员”（为特定公司工作）和“外部招聘人员”（为任何公司寻找合适的求职者）之间存在差异。他们为“内部招聘人员”和“外部招聘人员”创建了新的角色，并将这些角色视为“招聘人员”角色的特殊版本。

除了聚合重叠的角色之外，团队还把那些对系统成功并不重要的任何其他角色卡片都撕掉。例如，“监视者”角色卡片代表的是关注就业市场的人。一名监视者可能在三年内都不会更换工作。如果不关注这类监视者用户角色，BigMoneyJob 网站可能也会运行良好。团队决定，应该把重点放在那些对公司成功至关重要的角色上，比如“求职者”和“招聘人员”角色。

在团队聚合完成这些卡片之后，它们会被排在桌子或墙上以显示角色之间的关系。图 3.2 显示了 BigMoneyJobs 角色卡片众多可能的布局之一。在这里的通用角色，如“求职者”或者“招聘人员”，被放在该类专门角色版本的最上面。或者，角色卡片可以采用其他方式堆积或放置，用来展示团队认为的角色间任何重要的关系。

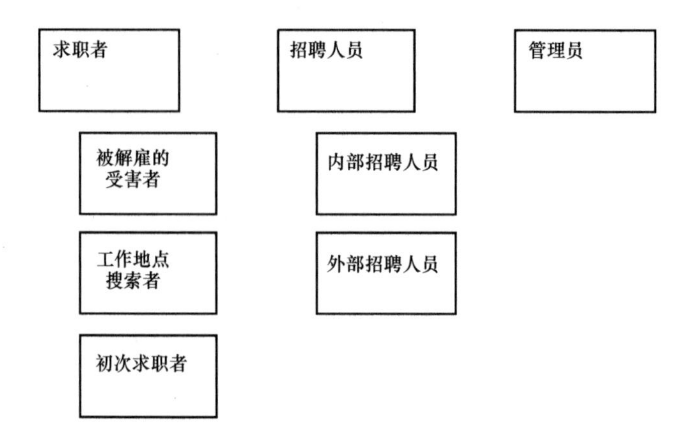

图 3.2　聚合后的角色卡片

细化角色

一旦我们聚合好角色，对角色之间的关系有了基本的了解，就可以通过定义每个角色的属性来对这些角色进行建模。角色属性是属于同一角色的用户的事实或者有用的信息。任何将一个角色与另一个角色区别开来的信息都可以用作该角色的属性。以下是在准备角色建模时值得考虑的一些属性。

- 用户使用软件的频率。
- 用户在这个专业领域的专业水平。
- 用户对计算机和软件的熟练程度。
- 用户对正在开发的软件的熟练程度。
- 用户使用软件的目的。一些用户关心易用性，其他用户更喜欢丰富的体验，等等。

除了这些标准属性之外，你还应该考虑正在构建的软件特点，并查看是否有任何可能在描述用户时有用的属性。例如，对于 BigMoneyJobs 网站，你可能想要考虑的是，某个用户角色是在寻找兼职还是全职工作。

为角色识别出有趣的属性之后，请在角色卡片上写下注释。写完后，可以将角色卡片挂在团队的公共区域，这样它们就可以用来提示团队。图 3.3 中展示了一个用户角色卡片的示例。

用户角色：内部招聘人员
不擅长使用电脑，但是很擅长使用网站。不经常使用该软件，但每次使用强度大。她阅读其他公司的招聘广告，以此选择最好的措辞来完成自己的招聘广告。使用简单很重要，但更重要的是，她学会的东西必须在几个月后能很容易回想起来。

图 3.3 一个用户角色卡片示例

两个额外的技术

如果我们想停止的话，我们现在就可以停下来。到目前为止，这个团队可能已经花了一个小时（几乎不会超过这么长），他们已经比 99%的软件团队对用户进行了更多的思考。实际上，大多数团队到此就为止了。然而，还有另外两种技术值得指出，因为它们可能有助于在某些项目中思考用户。如果你预见到使用这些技术能够给项目带来直接的实际效益，你就可以使用它们。

用户画像

识别用户角色是一个巨大的飞跃，但是对于一些更重要的用户角色来说，进一步为角色创建一个用户画像可能更有价值。用户画像是用户角色的虚构表示。在这一章的早些时候，我们讲到了 Mario，他负责为他的公司发布新的职位空缺。创建一个用户画像需要的不仅仅是向用户角色添加一个名称。一个用户画像应该能够充分地描述角色，以便团队中的每个人都觉得自己知道这个角色。例如，Mario 可能描述如下:

> Mario 在快速网络（SpeedyNetworks）公司的人事部门担任招聘专员，这家公司是高端网络组件的制造商。他在高速网络工作了 6 年。Mario 有弹性的工作时间安排，每个星期五他都在家工作。Mario 在电脑方面非常擅长，他认为自己是所有使用产品的超级用户。Mario 的妻子 Kim 正在斯坦福大学完成化学博士学位。由于快速网络公司的业务一直在不断增长，Mario 一直在寻找优秀的工程师。

如果你选择为项目创建用户画像，请注意，在这之前你应该已经完成了足够的市场调查和人口调查，这样你的用户画像才能真正地代表产品的目标受众。

前面 Mario 的用户画像描述让我们很好地介绍了他。然而，没有什么能像图片一样更加绘声绘色，所以你也应该找到一张 Mario 的图片，并把它包含在用户画像的定义中。你可以在网上找到图片，也可以从杂志上剪下图片。一个完整的用户画像的定义和一张照片相结合，会让团队中的每个人对该角色有全面深入的了解。

大多数用户画像的定义都太长了，不适合放在一张卡片上，所以我建议你把它们写在一张纸上，并将它们挂在团队的公共空间中。你不需要为每个用户角色进行用户画像。但是，可以考虑为一两个主要的用户角色进行用户画像。如果正在构建的系统是为了满足一个或者两个至关重要的用户角色的产品，那么这些用户角色应该扩展出用户画像。

当使用用户角色或者用户画像时，故事将变得更有表现力。在确定了用户角色或者可能是一两个用户画像之后，可以开始从角色和画像的视角来讲故事，而不是更通用的“用户”。你可以写“一个工作地点搜索者可以把他的工作限定搜索到一个特定的地理区域”这样的故事，而不是“一个用户可以把他的工作限定搜索到一个特定的地理区域”这样的。希望这样写故事能提示团队想起在毛伊岛找工作的 Allan。使用用户角色或者用户画像来写一些故事并不意味着其他角色就不能执行这些故事；恰恰相反，这意味着在讨论或者编码实现故事时，用特定的用户角色或者画像思考总有一些好处。

极端人物

德贾贾丁哈特（Djajadiningrat）和合著者（2000）提出了第二种技术：在考虑新系统的设计时使用极端人物。他们描述了一个设计手机或平板的例子。他们建议，不要只为一个典型的衣着光鲜开宝马的管理顾问做设计，系统设计师也应该考虑个性夸张的用户。作者建议，可以为毒品贩子、教皇和一个正在应付多个男友的二十岁的女人设计手机或平板。

思考极端人物会让你写出有可能错过的故事。举个例子，很容易想象，毒品贩子和一个有几个男朋友的女人可能每个人都想要维持多个单独的时间表，以防手机或平板被警察或者男朋友看到。教皇可能不太需要保密，但可能需要字体大一些。

虽然，极端的角色可能会产生新的故事，但我们很难确定这些故事是否应该包含在产品中。在极端人物上投入太多时间可能不太值得，但你可能想要尝试这种方法。至少，可以用几分钟的时间来思考教皇是如何使用你的软件的，这可能会给你带来一两个灵感。

如果有现场用户呢？

即使办公现场有真实的用户，在本章中描述的用户角色建模技术仍然是有用的。与实际用户一起工作将极大地提高你交付所需软件的可能性。然而，即使和真实的用户在一起，也无法保证你拥有了正确的用户或者用户组合。

为了降低不能满足重要用户的可能性，即使在有内部用户的情况下，也应该对项目进行一些简单的角色建模。

小结

- 大多数项目团队只考虑单一的用户类型。这会导致软件忽略原本需要的一些用户类型。
- 为了避免从单一用户的角度写所有的故事，需要识别与软件交互的不同的用户角色。
- 通过为每个用户角色定义相关的属性，可以更清晰地看到不同角色之间的区别。
- 一些用户角色从用户画像的描述中受益。用户画像是用户角色的虚构表示。用户画像被赋予了一个名字、一个面孔以及足够的相关细节，这对项目成员来说是很真实的。
- 对于一些应用程序来说，极端人物可能有助于寻找那些可能会被忽略的故事。

开发人员的责任

- 负责参与识别用户角色和用户画像的过程。
- 负责理解每个用户角色或者用户画像，以及它们之间的区别。
- 在开发软件时，负责考虑不同的用户角色对软件行为的不同偏好。
- 负责确保在识别和描述用户角色时，用户角色只是过程中的工具，而不应该超越作为工具外的其他用途。

客户的责任

- 负责全面寻找用户，并确定适当的用户角色。
- 负责参与识别用户角色和用户画像的过程。
- 负责确保软件没有关注不恰当的用户。
- 在写故事时，负责确保每个故事都能与至少一个用户角色或用户画像有关联。
- 在开发软件时，负责考虑不同的用户角色对软件行为的不同偏好。
- 负责确保在识别和描述用户角色时，用户角色只是过程中的工具，而不应该超越作为工具外的其他用途。

思考练习题

3.1 看一下 eBay 网站，你能识别出哪些用户角色？

3.2 聚合你在前一个问题中提出的角色，并展示如何布置角色卡片。解释你的答案。

3.3 为最重要的用户角色写用户画像描述。

第 4 章

收集故事

你是如何收集故事的？本章将告诉你如何与用户一起工作，并通过与用户对话来识别故事。同时将介绍多个方法的优点。本章还描述了通过询问正确类型的问题，来获得用户真正需求的有效方法。

引出和捕捉需求是不适用的

甚至一些关于需求的最好的书上也使用诸如“引出”（Kovitz 1999；Lauesen 2002；Wiegers 1999）和“捕捉”（Jacobson，Booch and Rumbaugh 1999）这样的词来描述识别需求的实践。这样的术语似乎暗示着我们：需求就在某个地方，我们需要做的就是让客户向我们解释，然后我们就可以把需求锁在笼子里。需求不会在项目里等着被捕捉。同样，用户也不会已经知道所有的需求，单纯只是依靠“引出”也是不够的。

Robertson and Robertson（1999）引入了“拖网”（trawling）这个术语，用来描述收集需求的过程。对需求进行拖网捕获会使人产生一种心理画面：即需求被渔船后面拉着的渔网捕获。这个比喻的寓意如下。

首先，网格大小尺寸不同的拖网可以用来捕获规模大小不同的需求。第一遍在需求池里用最大尺寸网格的拖网来捕获所有最大规模尺寸的需求，可以从这些大规模尺寸的需求中获得构建软件的整体感觉。然后用较小尺寸网格的拖网进行后续的捕获，并获得中等规模尺寸的需求，最小规模尺寸的需求留到最后进行捕获。这个比喻中的尺寸大小可以选取商业价值和软件的必要性等。

其次，用拖网捕获的需求和鱼一样，也会有成熟的和可能死亡的。今天，拖网错过了一个需求，可能是因为它对软件并不重要。但是，随着系统根据每次迭代的反馈向不可预知的方向扩展，一些需求将变得越来越重要。同样，曾经被认为重要的需求的重要性可能会逐渐降低，甚至降低到我们认为已经无效的程度。

第三，拖网无法捕获一个地区所有的鱼，与此一样，同样也不会捕获到所有的需求。然而，当拖网捕鱼的时候，很可能会捕捉到漂浮在水面上的浮沉物—它们会膨胀需求。

最后，对需求进行拖网捕获的比喻说明了一个重要的事实：技能在寻找需求方面起着重要的作用。一个技能熟练的拖网渔船（业务分析人员）知道在哪里寻找需求，而技能不熟练或者使用了无效技能的拖网渔船会浪费时间或者浪费在错误的地点。为了有效收集用户故事，本章将学习有效的拖网技能。

一点儿就够用了，不是吗?

识别一个规范过程是否是传统的，最简单的一个方法就是查看它的需求方法。传统规范过程的特点是，他们非常强调在项目的早期就能正确获取并写出所有的需求。与此相反，敏捷项目则承认，这样精细的一次性获得所有用户故事是不可能的。敏捷过程也承认故事是有时间维度的：故事会根据时间的推移和先前迭代中添加到产品中的故事而变化。

然而，即使承认不可能为一个项目写出所有故事，还是应该先尝试写一些能写出来的故事，即使很多故事都处在一个非常高的层级上。使用故事的优点之一是不同层级的故事可以用不同的详尽程度来写。可以写下“用户可以搜索工作”这样的故事，故事写成这样要么作为一个占位符，要么因为当时我们只知道这些。后续可以把这个故事演进成更小、更有用的故事。正因为如此，与其他需求技术相比，花较少的工作为应用程序的大部分功能写故事显得更容易。

这并不是建议大家在启动一个新项目时先花 3 个月时间来写用户故事。相反，对于将来进行的一次发布（可能需要 3 到 6 个月）里，某个用户故事的发布时间越往后，现在在编写该故事时它的细节越不需要详尽。例如，如果客户或者用户表示他们“可能需要在此版本中发布报告”，则可以编写一张卡片，上面写着“用户可以运行报告”。但请到此处暂停：不要确定他们是否能够设置自己的报告、报告是否采用 HTML 格式或者报告是否可以保存。

类似地，在启动应用程序之前，对应用程序的大小有一个总体的感觉很重要。在获得资助和批准启动项目之前，通常有必要大致了解项目的成本及其可能带来的收益。要知道这些问题的答案，至少需要对组成该项目的故事有一些预见。

方法

因为故事将在项目整个过程中不断演进，所以需要一套可以反复使用的方法来收集它们。所使用的方法必须足够的轻量，不能咄咄逼人，可以或多或少地连续应用于收集故事。创建一套故事的有用的方法如下：

- 用户访谈
- 问卷调查
- 观察
- 故事编写工作坊

这些方法有许多都是传统业务分析的工具。有业务分析人员的项目应该让业务分析人员更多地来负责“拖网”捕获故事。①

这些方法将在以下部分逐一讲解。

用户访谈

用户访谈是许多团队用来收集故事的默认方法，可能也是你想要使用的方法。访谈成功的关键之一是选择正确的受访者。正如第 5 章所讨论的，有许多用户代理可以做访谈，但应该尽可能访谈真实的用户。还应该访谈担任不同用户角色的用户。

我们希望用户表达自己真实的需求，询问用户“那么，你需要什么？”是不够的，因为大多数用户并不擅长于理解。我从走进我办公室的一位用户那里了解到这一点，该用户承认：“你完全按照我的要求做了，但这不是我想要的。”

我曾经和一个开发调查软件的团队一起工作过。每一项调查都将通过电话、电子邮件和交互式语音应答进行。不同类型的用户会使用不同种类的调查。调查非常复杂：用户对于一组问题的具体回答将决定下一个问题是什么。用户需要一种输入调查的方法。用户向开发团队提供了复杂的语言的例子，用来确定提出的问题。这种完全基于文本的方法对于开发人员来说似乎增加了不必要的复杂。开发人员向用户展示了他们可以可视化不同类型问题的图标，并通过拖放的方式来创建调查。然后用户放弃了他们的语言，并与

---

① 中文版编注：此外还可以参阅《洞察用户体验》《软件需求与可视化模型》《用户故事地图》等经典书籍。

开发人员一起创建了一个可视化调查设计工具。仅仅因为这些问题是由用户提出的，就认为只有用户才有资格提出解决方案，这种想法是不对的。

开放式问题和上下文无关的问题

获取用户需求本质的最佳技巧就是提问。我曾与一个项目团队合作过，他们在将应用程序开发成 Web 程序或者将其开发成更传统的特定平台的程序之间徘徊不前。基于浏览器的版本易于部署，功能更强大的特定平台客户端培训成本较低，项目团队在二者间难以取舍。他们预测用户肯定会喜欢浏览器的优势，但他们也看重特定平台客户端提供的更丰富的用户体验。

有人建议，应当问一下产品目标用户的偏好。由于该产品是对传统产品重写而成的新一代，所以市场部门同意联系当前用户的代表性样本用户。调查中的每个用户都被问到“你想在浏览器中使用我们的新应用程序吗？”

这个问题就像在你最喜欢的餐厅里服务员询问你是否想免费享用你的餐点。你当然想啊！同理，被调查的用户回答说，他们很想在浏览器中使用新版本的软件。

市场部门营销小组犯了个错误，他们提出了一个封闭式的问题，并没有提供足够的细节让受访者选择回答。这个问题预设任何接受访谈的人都知道浏览器和未提及的替代品之间的优缺点。这个问题更好的版本应该是：

> 您是否希望在浏览器中使用我们新的应用程序，但它并不是本机 Windows 应用程序，性能可能会有所降低，整体用户体验会差一点以及交互性会差一点。

这个问题仍然存在问题，因为它是封闭式的。除了简单的“是”或者“否”之外，受访者没有任何其他选择余地。提出能让受访者表达更深入意见的开放式问题要好得多。例如：“为了让我们的下一代产品能够在浏览器中运行，您愿意放弃什么？”回答这个问题的用户可以从多种角度来回答。无论用户怎样回答，都将对我们提供更有意义的答案。

同样重要的是要问上下文无关的问题，这些问题不包含隐含的答案或者偏好。例如，不应该问：“为了在浏览器中使用该软件，你愿意牺牲性能和丰富的用户体验吗？”大多数人会怎样回答这个问题呢？答案很明显。

同样，不要问“搜索速率有多快？”而应该问“需要什么样的性能？”或者“性能在应用程序的某些部分更重要吗？”第一个问题不是上下文无关的问题，因为它暗含了对搜索有一个性能的需求。也许没有问过用户，有人问过的话，用户的答案更有可能是靠猜的。

在某些时候，需要从上下文无关的问题转向非常具体的问题。然而，从上下文无关的问题开始的话，就有可能从用户那里得到更广泛的答案。如果直接跳到非常具体的问题上，可能会漏掉那些还没被发现的故事。

问卷调查

问卷调查是一种有效的方法，有助于收集已有故事的信息。如果用户人数众多，那么调查问卷可以成为获取有关如何确定故事优先级信息的好方法。当需要大量用户针对特定问题的答案时，问卷调查同样有用。

然而，问卷调查通常不适合作为拖网收集新故事的主要技巧。静态的问卷调查不适合跟踪问题。另外与面对面的对话不同，问卷调查不可能让用户沿着有兴趣的方向深入探讨。

举一个问卷调查的例子，比如调查当前用户使用软件特性的频率以及他们不使用某些特性的原因。这可能会导致一些使用频率高的特性故事的优先级比之前的优先级调高。另一个例子，“你想看到什么新特性？”这样的问卷调查将会被限制使用。如果给用户一个选择列表，那么可能会错过你从未想过的五个关键特性。或者，如果允许用户使用无格式的文本进行响应，则很难通过列表显示答案。

考虑到问卷调查的单向沟通特点和固有的时间滞后，我不建议在拖网收集故事时使用问卷调查。如果希望从现有广泛的用户中收集信息，并且可以等待一个或者多次迭代来整合信息，则建议使用问卷。问卷调查不应该作为收集故事的主要方法。

观察

观察用户实际使用软件能够深入洞悉用户。当我每次有机会观察某个用户使用我的软件时，我都留下了关于如何改进他们的体验、生产率或者两者兼顾的想法。不幸的是，除非正在为内部客户开发，否则观察用户的机会很少，太多的商业产品都采用了可以猜测用户需求的方法。如果有机会观察用户使用你的软件，请采取行动，这种机会能够快速直接获得用户的反馈，从而促进软件尽早、频繁的发布。

一家公司的用户是在呼叫中心工作的护士，护士回答来电者提出的医疗问题。护士表示，她们需要一个大的文本字段，用于在通话结束时记录通话结果，该软件的初始版本在通话结束后屏幕上会显示一个大型文本字段用于记录。但是，在最初的发布之后，开发团队的每个成员花了一天的时间来观察护士。开发团队发现的一件事是，大文本字段被用于输入的通话结果已被系统所跟踪记录。通过观察用户，真正的需求是需要系统跟踪记录护士在使用软件时做出的决定。大文本字段原来定义的功能被日志记录护士选择的所有搜索项和建议项所取代。“跟踪记录给来电者的所有说明”这个真正的需求被护士的需求描述所掩盖，而这一点只有通过观察才能显露出来。

故事编写工作坊

故事编写工作坊是包括开发人员、用户、产品客户和其他对编写故事有帮助的人共同参与的会议。在工作坊上，参与者竭尽所能地编写故事。这时，不需要给故事排列优先级，客户稍后将有机会这样做。在我看来，故事编写工作坊是快速拖网收集故事的最有效方法。至少，我建议在开始每次计划发布之前开展一次故事编写工作坊。在为软件开发发布的过程中，你可以经常进行多次的故事编写工作坊，但这不是必要的。

正确开展故事编写工作坊可以非常快速地编写大量故事。根据我的经验，一个好的故事编写工作坊结合了头脑风暴的最佳要素和低保真的原型。低保真原型可以在纸张、卡片或者白板上完成，并绘制出设计软件内的高级别交互。在工作坊期间，参与者会对用户在使用应用程序时可能想要做的事情进行头脑风暴，从而原型会在工作坊中迭代地建立起来。这个想法并不是像传统的原型设计或者联合应用设计（JAD）会议那样来确定实际的界面和字段，只是在概念上确定工作流。图 4.1 展示了是如何开始为 BigMoneyJobs 网站创建低保真原型。

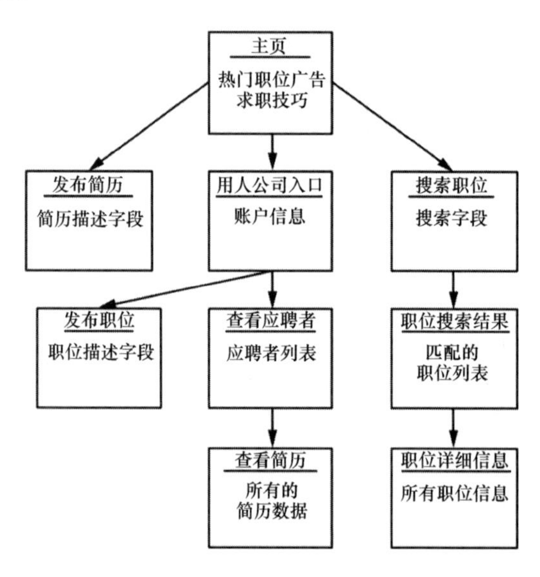

图 4.1　BigMoneyJobs 的一个低保真原型

每个方框代表网站的一个新组件，方框中组件的标题加下划线，标题下方是该组件要做的或者包含的短列表。方框之间的箭头表示组件之间的连接关系。对于网站而言，组件可以是一个新页面或者当前页面上的空间。所以，一个连接表示出现了一个新页面或者信息显示在同一个页面上。例如，搜索工作可能是一个页面，也可能是主页上的一个区域。这种区分并不重要，因为客户和开发人员后面将有足够的时间来讨论到底属于哪种。

要开始创建一个低保真原型，首先要确定想要从系统的哪个用户角色或者用户画像开始。你将使用每个用户角色或者用户画像重复该过程，因此顺序无关紧要。接下来，绘制一个空白框并告诉参与者它是软件的主界面，并询问他们所选择的用户角色或者用户画像从那里可以做什么。可能你还没有弄清楚主界面是什么，以及界面上有什么活动，这并不重要。参会者将开始抛出关于用户角色或者用户画像可以采取什么动作，对于每个动作，画一条线连接一个新方框，在该方框上标注，然后写一个故事。

创建图 4.1 的讨论将产生以下故事。

- 求职者可以发布简历。
- 雇主可以发布工作。
- 雇主可以查看提交的简历。
- 求职者可以搜索工作。
- 求职者可以查看符合搜索条件的工作结果。
- 求职者可以查看有关特定工作的详细信息。

这些故事都不需要懂得如何设计界面。然而，浏览工作流程能帮助所有参与者思考尽可能多的故事。我发现采用深度优先方法最有效率：对于第一个组件，写下主要的细节，然后移动到与第一个组件连接的下层组件二，并执行相同操作。然后，移动到连接组件二的其他下层组件，而不是返回到第一个组件并描述与组件二同级别层次的其他组件。使用广度优先的方法可能会有点迷失方向，因为会很难记住你在追寻每条路径到终点的过程中暂停的地方。

丢弃低保真原型

在创建低保真原型的几天内，一定要把它扔掉或者擦去。原型不是开发过程的长期工件，长期保留它可能会引起混乱。如果在故事编写工作坊中你感觉还有故事缺失，那么将原型保留几天，然后重新访问并尝试写出任何缺失的故事，然后摆脱它。

低保真原型在创建当天结束时，不需要立即扔进垃圾箱，但需要尽快了结。

在浏览原型时，提出如下问题可以帮助识别缺失的故事。

- 用户下一步最想做什么？
- 用户在这里可能犯什么错误？
- 此时什么可能使用户产生困惑？
- 用户需要什么附加信息？

当你提出这些问题时，请考虑用户角色和用户画像。用户角色不同，这些问题的答案可能也会改变。

维护一个问题停车场，留着以后回来解决。例如，在讨论 BigMoneyJobs 时，有人可能会问，系统是否支持合同工和全职员工。如果没有人在工作坊之前想到这个问题，就把它写下来放在一些可以看到的地方，在工作坊结束时或者在工作坊的后续进行跟进。

在写故事的过程中，重点应该放在数量上，而不是质量上。即使最终会以电子方式保存故事，在故事编写工作坊期间也应该使用纸质卡片。让想法涌现出来并写下来，一个看似糟糕的故事可能在几小时内就会显得很精彩，或者它可能是另一个故事的灵感来源。另外，你也不想因为每个故事而陷入冗长的辩论。如果一个故事是多余的，或者后来被一个更好的故事所取代，那么你就可以把这个故事卡撕成碎片。类似地，当客户计划发布对故事进行优先级排序时，可以将低质量的故事排在低优先级。

有时候，一些故事编写工作坊的参与者会很难开始工作或者跨过一个障碍点。在这种情况下，竞品和同类产品是非常有帮助的。

在故事编写工作坊期间，需要注意做贡献的参与者。偶尔会有参与者在工作坊的全部或者大部分时间都保持沉默。如果是这种情况，请在休息期间与这样的参与者谈谈，并确认她对整个过程是否感到舒适。有些参与者不愿意在同事或者主管面前发表言论，这就是为什么在这些会议期间不要评论故事想法的重要原因。一旦参与者感觉舒适，而不是被质疑，他们的想法就能被简单地记录下来，即使他们更容易做出贡献。

最后我再重申，故事编写工作坊上的讨论应该在较高层级上。工作坊的目标是在尽可能短的时间内写出尽可能多的用户故事。工作坊不是用来设计界面或者解决问题的。

小结

- 能够引出和捕捉需求的想法是错误的。它有两个错误的预设：一是用户已经知道所有需求；二是需求捕捉锁定在笼中就保持不变。
- 对需求的拖网比喻更加有用：它意味着需求有不同规模的尺寸大小，需求可能会随着时间的推移而改变，需要利用一些技巧来获取需求。

- 即使敏捷过程支持后期出现的需求，但仍应从预期发布的版本进行展望，并编写可轻松理解的用户故事。
- 用户故事可以通过访谈用户、观察用户、问卷调查和举办故事编写工作坊来收集获取。
- 不要过度依赖任何单一方法，而是应该结合使用多种方法才能取得最佳效果。
- 开放式问题，无上下文的问题往往能够得出最有价值的答案。例如“告诉我你如何寻找工作”而不是“你会按职位搜索工作吗？”

开发人员的责任

- 在进行拖网收集用户故事时，开发人员有责任了解和使用多种技巧。
- 开发人员有责任了解如何充分利用开放式问题和上下文无关的问题。

客户的责任

- 在进行拖网收集用户故事时，客户有责任了解和使用多种技巧。
- 客户有责任尽早编写尽可能多的用户故事。
- 作为软件用户的主要代表，有责任与开发人员进行沟通。
- 客户有责任了解如何最好地利用开放式问题和上下文无关的问题。
- 如果需要或者希望有助于编写故事，客户负责安排和进行一次或多次故事编写工作坊。
- 客户负责确保在拖网收集故事时考虑所有的用户角色。

思考练习题

4.1 如果一个团队只通过问卷调查来收集需求，你认为会有什么问题？

4.2 将以下问题改为上下文无关的问题和开放式的问题。

a. 你认为用户应该输入密码吗？
b. 系统应该每 15 分钟自动保存一次用户的工作吗？
c. 一个用户能看到另一个用户保存的数据库条目吗？

4.3 为什么最好问一些开放式的问题和上下文无关的问题？

第 5 章

与用户代理合作

项目的客户团队中包含一个或者多个真实的用户是非常重要的。虽然其他人可以猜测用户希望软件如何运作，但是其实只有真实的用户才知道。不幸的是，获得我们需要的用户通常很困难。例如，我们可能在开发一个全国范围内的收缩包装产品，但无法将其中的一个或者多个用户带到我们现场，与我们一起编写故事。或者我们可能正在编写我们公司内部准备使用的软件，但有人告诉我们，我们无法与用户沟通。我们期望和尽可能多的用户沟通，这些用户代表了产品的不同视角，当我们无法直接和他们接触时，我们需要求助于用户代理，他们本身可能不是用户，但是在项目里他们能够代表用户。

选择合适的用户代理对项目的成功至关重要。必须考虑用户代理的背景和可能的动机。具有营销背景的用户代理和领域专家的用户代理处理故事的方式会存在差异，而了解这些差异很重要。在本章中，我们将探讨有时候代表真实用户的各种类型的用户代理。

用户的经理

在进行内部项目开发时，组织可能不愿意让你完全无限制地访问一个或者多个用户，但可能愿意让你访问用户的经理。如果经理不是软件的真正用户，那这就是偷天换日。即使如此，几乎可以肯定的是，经理与典型用户的软件使用模式是不同的。例如，在一个呼叫中心应用程序中，团队最初可能接触的是轮班主管。虽然轮班主管确实使用该软件，但他们在新版本中想要的许多特性都集中在管理呼叫队列和在座席之间转移呼叫。这些特性对于轮班主管的下属而言，重要性却很低，而他们才是该软件的主要用户。如果开发人员没有推动对更典型用户的直接访问，那么主管关注的不常使用的特性在产品中会被过分强调。

有时候，用户的经理会进行干涉，并且因为自负而希望扮演项目中的用户角色。她可能会承认她不是一个典型用户，但她会坚持认为她比自己的用户更了解他们需要什么。当然，在这种情况下，需要注意不要冒犯用户的经理。但是，为了项目成功，需要在她身边至少找到一种方法来接触到最终用户。本章后面“与用户代理合作时要做什么”一节中给出了一些关于这方面的建议。

“5 分钟不等于 1 分钟”

这个内部项目的“用户”是一位从未使用过软件的副总裁，并且她和最终用户之间隔着中间层级的经理。在为下一次迭代确定故事优先级顺序时，她希望开发人员专注于提高数据库查询的速率。团队注意到了这个故事，并将其列为高优先级，但他们感到困惑。他们知道应用程序性能非常关键，并且在软件中建立了一个监视机制：每次执行数据库查询时，包括执行时间以及用户名等参数都存储在数据库中。这些信息至少每天监测一次，没有迹象表明性能存在问题。然而，他们的“用户”告诉他们有些问题：有些查询需要“最多 5 分钟”。

在与副总裁会面之后，团队调查了查询执行历史。以下是他们发现的结果：一些用户完成的查询事实上执行时需要 1 分钟。这肯定比期望的要长，但考虑到他们正在搜索的内容，数据库的规模以及这类搜索的频率，这在系统的预期性能范围内。但是用户向经理报告了需要花费 1 分钟进行查询。经理随后将其报告给副总裁；但为了确保问题得到副总裁的关注，经理说，查询需要 2 分钟。然后，副总裁向开发人员报告了这一问题，为了确保她得到他们的关注，将问题增加到“最多 5 分钟”。

用户的管理者可能是错误信息的来源。只要有可能，应该通过与真实用户交谈来求证用户管理者的陈述。

开发经理

让开发经理充当用户代理，可能是最差的选择之一，除非你写的软件就是针对开发经理的。虽然开发经理可能没什么不好，但是他们具有最光荣的意图，他们可能会有一些相互冲突的目标。例如，开发经理对故事优先级的排序与真实用户的存在差异，因为这样可以让她加速推出令人兴奋的新技术。此外，开发经理可能没有与公司的目标对齐：或许她的年度奖金与项目的完成日期相关，这可能导致她要在完成真正的用户需求之前结束项目。

最后，大多数开发经理对于他们正在构建的软件，根本没有用户的实际经验，也不是领域专家。如果潜在用户是具有领域专业知识的开发经理，那么在决定他是否能够胜任用户代理之前，请将其视为领域专家。在判断是否有合格的用户代理之前，请阅读本章“领域专家”部分。

销售人员

用销售人员作为用户代理是危险的，因为销售人员不会引导出构建产品的全面视图。对于销售人员来说，最重要的故事通常是她的缺席使她失去了最后的销售机会。如果她因为产品没有“撤销”特性而失去了销售机会，可以打赌“撤销”特性的故事卡会立即被排到最上面。根据特定损失销售的重要性，可能需要写一个或者两个新的故事；然而，如果一个产品开发公司过分强调每一笔损失的销售，他们可能会失去战略方向，该产品的长期愿景就会停滞不前。

然而，销售人员是通向用户的一个非常好的渠道，应该充分利用这一点。让他们在电话或者销售拜访中向你的客户介绍你。如果可以让他们参加行业展会，并在你们公司的展位工作，那就更棒了。

与用户交谈

1995年，某个团队面临着创建首个综合健康信息网站的挑战。因为还没有任何竞争对手，团队无法从对手处寻找故事的构想。该项目的用户代理是具有营销背景的总监。由于他的营销背景，他明白与潜在用户交谈的重要性，可以通过交谈来了解潜在用户从健康信息网站要什么。然而，由于要求快速交付网站的压力，他一头扎进了网站，完全凭直觉来指导团队。

可以猜到，这个项目并没有满足用户的需求。在网站上线后大约一个月，我走进了营销总监的办公室。他指着显示器说：“看看那个……看看那个。”在他的屏幕上是一个色情网站。过了一会，我问他我们为什么要看它。我认为他甚至没有注意到网站上的色情内容。他的目光固定在一个点击计数器上，他说：“看看，他们自昨天以来已经有10万次点击了。而我们只有200个。”

如果想要软件被有效使用，必须和那些愿意使用软件的潜在用户进行交谈。

领域专家

领域专家，有时称为“主题专家”，是关键资源，因为他们理解软件针对的领域具体是怎样的。当然，有些领域比其他领域更难理解。我曾经为律师和律师助理写过很多软件，虽然软件有时候很复杂，但我通常可以理解他们要求的内容。很久以后，我参与了为统计遗传学家编写软件的工作。这个领域充满了“表型”[①]“百分摩根”和“单元型”[②]等字眼儿。这些是我以前从未听过的术语，这使得该领域更难以掌握。这使得每个开发人员更加需要依赖领域专家，让他们来帮助我们理解我们正在开发的内容。

虽然领域专家是很好的资源，但他们的实用性取决于他们现在或者之前是否使用过类似于正在构建的软件类似的系统。例如，在建立薪资系统时，你无疑希望拥有注册会计师（CPA）作为领域专家。但是，由于用户可能是拿工资的文员而不是注册会计师，因此你可能会从拿工资的文员那里获得更好的故事。在构建领域模型和识别业务规则时，领域专家是理想的资源，但是工作流和用法问题最好是来自于实际的用户。

让领域专家作为用户代理的另一个潜在问题是，最终开发出来的软件可能针对的只是和领域专家具有相似水平专业知识的用户。领域专家可能倾向于将项目指向适合他们的解决方案，但对于目标用户受众而言，这些解决方案往往过于复杂或者显然是错误的。

营销团队

Larry Constantine and Lucy Lockwood（1999）指出，营销团队了解市场，但是并不了解用户。这可能导致营销团队或者具有营销背景的人更专注于产品中特性的数量而不是这些特性的质量。在许多情况下，营销团队可能会提供有关相对优先级有用的概要性指导，但通常不具备洞察力，无法提供故事的具体细节。

前用户

如果前用户的经历非常接近，那么前用户就可以很好地作为代理。但是，与其他用户代理一样，应该仔细考虑前用户的目标和动机是否与真实的用户完全一致。

---

① 中文版编注：“表型”一词是由丹麦遗传学家 W. L. 约翰逊在 1911 年提出来的，是指个体形态及功能等方面的表现，如身高、肤色、血型甚至性格。

② 中文版编注：又称“单信型”，在遗传学上是指在同一染色体上进行共同遗传的多个基因座上等位基因的组合。

客户

客户是做出购买决定的人，并不一定是该软件的用户。考虑客户的需求很重要，因为他们是写支票购买软件的人，而用户并不是。（当然，除非用户和客户是同一个人。）

企业桌面办公软件是可以充分说明客户和用户之间区别的完美例子。公司 IT 人员可以决定公司所有员工使用哪个文字处理软件。在这种情况下，IT 人员是客户，但公司的所有员工都是用户（包括 IT 人员，既是客户也是用户）。像这样的产品，特性必须多到够用，否则用户就会大声尖叫；但这些特性也必须能够吸引客户，让他做出购买决定。

再论与用户交谈

在一家公司中，市场营销团队担任新产品的用户代理，准备用一款新的产品来取代公司目前的纸质产品。该公司的销售历史非常成功，他们销售的纸质印刷书籍包含医院和保险公司已经达成一致的规则：如果医院遵循规则，他们将由保险公司报销。例如，如果（除其他之外）患者的白血球数量高于某个阈值，就只需要进行阑尾切除手术。

营销团队没有兴趣与印刷书籍的用户交谈，了解他们可能需要软件做什么。相反，他们断定他们已经确切知道他们的用户想要什么，并且开发团队可以在营销团队的指导下进行开发。营销团队把这个软件做成一本电子书，他们没有充分利用软件固有的灵活性，而是选择把软件做成了一种“自动化书籍”。用户显然对软件感到失望。令人遗憾的是，如果公司使用了真实用户而不是营销团队作为用户代理，公司可能很早就会发现这个问题。

例如，安全特性对大多数桌面办公软件的用户来说并不重要。然而，安全对于做出购买决定的 IT 人员（客户）至关重要。

我所工作的一个项目团队设计了一个数据库密集型应用程序。数据从客户已经拥有的其他系统加载到这个系统中。开发人员需要指定用于交换这些数据的文件格式。在这种情况下，客户是组织的 CIO；该功能的用户是组织中的 IT 人员，他们将编写提取程序，将数据从当前系统按照指定格式移到新系统。当被问及对文件格式的偏好时，客户（CIO）认为 XML 是一种理想的技术，因为它在当时是比较新的，而且肯定比非标准的逗号分隔值（CSV）文件可取。当软件交付时，用户（IT 人员）完全不同意，他们更喜欢在 XML 文件上生成更简单的 CSV 文件。如果开发团队直接从用户那里获得这些故事，他们就可以知道这一点，从而不会把时间浪费在 XML 格式上。

培训师和技术支持

培训师和技术支持人员似乎可以作为用户代理的合理选择。他们整天和真实的用户聊天，所以肯定知道用户想要什么。不幸的是，如果使用培训师作为用户代理，你的系统最终将成为一个易于培训的系统。同样，如果让来自技术支持的人员做用户代理，你的系统最终将成为一个易于技术支持的系统。例如，来自技术支持的人可能会把她预期的那些增加支持工作量的故事从高优先级特性调整成低优先级。虽然培训的便利性和可支持性是很好的目标，但它们很可能不是真实的用户优先考虑的。

业务分析师或系统分析师

许多业务分析师和系统分析师都是很好的用户代理，因为他们一只脚踏在技术领域，另一只脚踏在软件领域。一个能够平衡好这些背景并努力与实际用户交谈的分析师通常是一个优秀的用户代理。

一些分析师存在的问题是，他们更喜欢思考问题而不是研究问题。我和太多的分析师合作过，他们相信他们可以坐在自己的办公室里，凭直觉就知道用户想要什么，而不用和那些用户交谈。注意，项目的分析师应该与用户对话，不能只根据自己的想法来做决定。

我偶尔发现分析师存在的第二个问题是，分析师在项目前期活动中花的时间太多。因此，假如一个 2 个小时的角色建模和故事编写工作坊可能足以填补 4 个月的发布计划的细节，但是一些分析师更愿意花 3 周时间来进行这些活动。

如何与用户代理合作？

尽管不是很理想，但和用户代理合作而不是真实用户，仍然可能写出优秀的软件。在这种情况下，可以应用多种技巧来提高成功机会。

当用户存在但访问受限时

如果无法接触到真实的用户，而团队被告知需要通过用户代理来完成所有项目决策，此时团队就需要与代理一起合作，但也要与实际用户建立连接。这样做的最佳技巧之一是请求允许启动一个用户任务组（user task force）。用户任务组由任意数量的真实用户组成，从少数几个到几十个不等。用户任务组可以提出意见和建议，但用户代理仍然是项目的最终决策者。在大多数情况下，用户代理会同意这一点，特别是因为用户任务组给了她一个安全网，以保护她不受错误决定的影响。

一旦建立了用户任务组，并配备了真实的用户，通常可以用来指导项目进行越来越多的日常决策。可以通过一系列的会议来讨论应用程序的各个部分，然后让用户任务组来识别、编写和区分故事。

与我合作过的一个项目团队在为内部用户开发一个系统，通过从用户代理获取最高层级方向，向用户任务组展示原型，然后根据用户任务组会议期间产生的反馈采取行动，最后取得了巨大成功。这个特定的项目采用周期长达一个月的迭代。每次迭代的前几天到一周都花在原型设计和举办一次或多次用户任务组会议上。通过这种方式，用户代理（在这个案例中是用户的经理）可以很好地控制项目的战略方向，但实现细节已经从她转移到用户任务组。

当真的找不到用户时

当真的没有用户可用并且必须与用户代理合作时，一种有用的技巧是使用多个用户代理。这有助于减少一种可能性，即构建的系统只满足一个人的需求。使用多个用户代理时，请确保使用不同类型的用户代理。例如，将领域专家与市场营销人员结合起来，而不是使用两位领域专家。为此，要么指定两个用户代理，要么指定一个用户代理，但是鼓励她依赖其他非正式的用户代理。

如果正在开发的软件有其他商业竞争产品，则可以使用竞品作为某些故事的来源。在评测中提到竞争产品中的哪些特性？在线新闻组讨论了哪些特性？讨论过哪些使用起来过于复杂的特性？

我记得几年前我曾经与一个用例倡导者讨论什么类型的文档最能表达系统的需求。他赞成经过深思熟虑的用例模型。我赞成用户指南。我从来没有见过一个项目，它能以一种完全准确和通用的用例模型来完成，即使有人尝试过。我看到过许多项目以一个准确和通用的用户指南结束。如果正在写的新软件有现有的竞争产品，则可以通过研究竞品来学到很多东西。

使用用户代理而不是真实用户时，可以使用的另一种技巧是尽快发布产品。即使该版本被称为“初步版本”或者“早期版本”，及早将版本发布到用户手中将有助于识别用户代理和真实用户之间不一致的地方。更好的是，一旦软件交付到一个或者多个早期用户手中，就相当于打开了一条和这些用户的沟通途径，并可以使用它与用户讨论即将发布的特性。

你能自己做吗？

无法找到或者访问真实用户时，应该避免陷入误区：开发人员认为自己了解用户，不需要或者可以忽略用户代理。虽然每种类型的用户代理都有某种类型的缺点，这使得她不如真实的用户那么理想，但是大多数开发人员假装成一名真实的用户会带来更多的缺点。一般来说，开发人员没有营销背景，所以无法了解特性的相对价值，他们没有与销售人员相同数量的客户联系人，同时他们也不是领域专家，等等。

建立客户团队

请始终记住，任何时候真实的用户总是优于用户代理。应该尽可能将真实用户置于客户团队中。但是，如果无法直接获得真实用户的组合，请让一个或者多个用户代理补充进客户团队。客户团队构建时应该做到成员的优势互补，一位成员的优势平衡另一位成员的弱势。创建一个客户团队有三个步骤。

首先，增加真实的用户。如果有不同类型的用户使用软件，请尝试包括每种类型用户。例如，在一个医疗保健应用程序中，我们的用户是护士。在我们的客户团队中，我们拥有护士、肿瘤专家和糖尿病专家等用户。

其次，在客户团队中确定一位项目负责人或者“一把手”。在商业软件公司，这个角色通常是产品经理，但也可能是其他人。该项目负责人负责协调客户团队的协作。客户团队的所有成员应该尽全力负责提供一致的信息。尽管有多个客户，但是对于开发项目而言，必须只能有一个客户声音。

第三，确定项目成功的关键因素。这将因项目而异。例如，如果项目要创建现有产品的下一代版本，那么关键的成功因素将是现有用户如何轻松迁移到新系统。将具有相关知识、技能和经验的用户代理补入客户团队，以促成项目关键的成功因素。在我们将现有用户迁移到新系统的示例中，这可能意味着要向客户团队中增加培训师。

小结

- 在本章中，我们学习了不同类型的用户代理，以及为什么在编写用户故事时用户代理不如真实的用户那样理想。
- 用户的经理除非同时也是用户，否则可能不是合适的用户代理。

- 开发经理因为他们已经参与项目的日常细节而被吸引成为用户代理。然而，开发经理很少成为正在构建的软件的预期用户，因此作为用户代理是一个糟糕的选择。
- 在生产型公司中，客户经常来自营销团队。营销人员通常是用户代理一个很好的选择，但必须克服专注于特性数量而不是质量这一倾向。
- 销售人员在与各种同时也是用户的客户进行联系时可以成为优秀的客户。销售人员必须避免将注意力集中在可能赢得上次销售失败的任何故事上。在所有情况下，销售人员都是与用户沟通的良好渠道。
- 领域专家可以成为出色的用户代理，但必须避免一点：在为产品编写故事时，将产品开发成只适用于与他们同等专业水平的人。
- 做出购买决策的客户如果与使用他们购买软件的用户保持密切沟通，可以成为优秀的用户代理。显然，如果客户同样是用户，那将是一个很好的组合。
- 为了成为优秀的用户代理，培训师和技术支持人员必须避免过分狭隘地关注他们每天所能看到的产品。
- 本章还简要介绍了使用用户代理的一些技巧，包括使用用户任务组，使用多个用户代理、竞品分析以及尽早发布以获得用户反馈。

开发人员的责任

- 开发人员有责任帮助组织为项目选择合适的客户。
- 开发人员负责了解不同类型的用户代理如何考虑正在构建的系统，以及他们的背景如何影响系统的交互。

客户的责任

- 如果你不是该软件的用户，就有责任了解自己属于哪些类别的用户代理。
- 客户有责任了解自己可能为项目带来哪些偏见，并了解如何克服这些偏见，无论是依靠他人还是其他方式。

思考练习题

5.1 使用用户的经理作为用户代理时，可能会产生哪些问题？

5.2 使用领域专家作为用户代理时，可能会产生哪些问题？

第 6 章

用户故事验收测试

编写验收测试的一个原因是，可以用来表达客户和开发人员之间对话所产生的许多细节。比起编写冗长的“系统应该……”样式的需求语句列表，测试可以用于充实用户故事的细节。

测试最好包括两步过程。首先，把关于将来要进行的测试的注释记录在故事卡的背面。当有人任何时候想到新的测试时，都可以这样进行。其次，测试注释转变成完整的测试，这些测试用于验证故事已经正确和完整实现编码。

作为测试注释提示的一个例子，可以在故事卡片“公司可以用信用卡支付职位招聘的费用”的背面，写出以下内容。

- 使用 Visa 信用卡、万事达信用卡和美国发现卡进行测试（通过）。
- 用大来卡测试（失败）。
- 用正确的卡号、错误的卡号和空的卡号进行测试。
- 使用过期的卡片进行测试。
- 使用不同的购买金额进行测试（包括超过信用卡额度的限制）。

这些测试注释记录了客户的假设。假设 BigMoneyJobs 示例中的客户写了这样一个故事：“一个求职者可以查看关于某个特定工作的详细信息。”客户和开发人员讨论这个故事，并确定一些信息，这些信息将显示职位名称、职位描述、工作地点、薪资范围以及申请方式等等。但是，客户知道并不是所有公司都会提供这些全部的信息，她希望这个网站能够自动处理未填的数据。例如，如果没有提供薪资信息，客户甚至不需要界面上显示

“薪资范围”标签。这应该转换成一个测试，因为程序员可能会想当然地认为，系统的职位发布部分需要每个职位的招聘信息，而其中应该包括薪资信息。

验收测试还提供了基本的标准，可以用来确定一个故事是否得到了完整的实现。通过标准，告诉我们何时完成了某件事，这是避免时间和精力投入太多或者太少最好的方法。例如，当我的妻子做蛋糕时，她的验收测试是把一个牙签插进去：如果牙签干净了，蛋糕就做好了。我在接收测试她做的蛋糕时，则是用手指来磨和品尝。

在编码之前编写测试

验收测试提供了大量的信息，程序员可以在编写这个故事之前使用这些信息。例如，思考“用不同的购买金额进行测试（包括一张卡片的限额）”。如果这个测试是在程序员开始写代码之前写的，那么它会提示她处理由于信用不足而导致购买被拒的情况。如果没有看到这个测试，一些程序员会忘记支持这种情况。

当然，为了让程序员从这种方法中受益，必须在写故事前写出故事的验收测试。测试通常在以下时间进行写。

- 每当客户和开发人员讨论这个故事并希望记录明确的细节时。
- 在迭代开始阶段，在编程开始之前作为专门要做的一项工作。
- 在故事编程实现期间或者之后发现新的测试时。

理想情况下，当客户和开发人员讨论一个故事时，他们将故事细节转换为测试。但是在迭代开始时，客户应该通读故事并编写她能想到的任何额外的测试。做这件事的一个好方法是查看每个故事并提出类似以下的问题。

- 关于这个故事，程序员还需要知道什么？
- 我对这个故事的实现有什么看法？
- 有没有一些特殊情况使这个故事有不一样的行为？
- 故事在什么情况会出错？

故事卡 6.1 展示了一个真实项目的例子，该项目为扫描系统构建软件。这个故事的作者已经清楚地表明了她期望发生的事情（即使文档目前在软件中打开，新扫描的页面也会插入到一个新文档）。在这种情况下，期望被描述为卡片正面故事的一部分。通过卡片背面的测试，期望可以轻松加以验证。重要的是，在程序员开始编码实现故事之前，期望会转换并记录在卡片上的某处。如果转换的记录没有完成，程序员可能会编写不同的系统行为，例如将新扫描的页面插入当前文档。

用户可以浏览页面，并把它们插入一个新的文档。如果文档已经打开，那么应用程序应提示并关闭当前文档。

故事卡 6.1　向程序员传达期望

客户定义测试

因为软件是为满足客户的愿景而编写的，所以验收测试需要由客户定义。客户可以与程序员或者测试人员一起实际创建测试，但最低限度，客户需要定义测试，这些测试将用于验证一个故事何时正确开发实现了。另外，一个开发团队（尤其是其中有经验丰富的测试人员）通常会在故事中增加一些用来验证想法的测试。

测试是过程的一部分

我最近与一家公司合作，测试人员对软件的理解都来自于程序员。程序员编码实现一个新的特性，他们会向测试人员解释，然后测试人员验证程序是否按照程序员所描述的方式工作。很多时候，程序会通过这些测试，但是一旦用户开始使用它，就会出现问题。当然，问题在于测试人员总是按照程序员所说所做的进行测试。如果没有客户或者用户的参与，就没有人能够从他们的角度来进行测试。

对于用户故事，将测试视为开发过程的一部分至关重要，测试不应该在“编码完成后”才发生。具体说明测试通常是产品经理和测试人员共同的责任。产品经理将利用她对组织目标的认识来驱动项目；测试人员会带来他的怀疑思维。在迭代开始时，他们聚在一起，具体说明他们所能想到的尽可能多的初始测试。但并不止于此，也不是他们每周聚一次就足够了。随着故事细节的逐渐产生，相关的测试也需要逐渐加以明确的说明。

多少测试才算多?

只要客户给故事增加了价值，对故事进行了澄清，客户就应该继续编写测试。如果已经为过期失效的万事达信用卡写了这样的测试：不能在已经确认过期的信用卡上进行收费，那么可能没有必要为 Visa 信用卡编写同样的测试。

另外，请记住，一个好的编程团队会为许多低层级的用例进行单元测试。例如，编程团队应该对“正确识别 2 月 30 日和 6 月 31 日为无效日期”进行单元测试。客户不负责识别所有可能的测试。客户应该把精力聚焦在编写那些能够向开发人员澄清故事意图的测试上。

集成测试框架

验收测试旨在证明应用程序对于负责指导系统开发的客户是可以接收的。这意味着客户应该是执行验收测试的人员之一。最低限度，验收测试应该在每次迭代结束时执行。由于一次迭代中的工作代码可能会在随后的迭代中被开发中断，因此执行所有先前迭代中的验收测试非常重要。这意味着执行验收测试会在每次迭代中花费更多时间。如果可能的话，开发团队应该考虑对一些或者所有的验收测试进行自动化测试。

沃德·坎宁汉（Ward Cunningham）的集成测试框架[①]（简称 FIT）是自动化验收测试的优秀工具。使用 FIT，测试是以常见的电子表格或者表格格式编写的。鲍勃和米卡（Bob 和 Micah Martin）领导了 FitNesse[②]的开发，FitNesse2 是 FIT 的扩展，能够使测试编写变得更加容易。

FitNesse（使用 FIT）正迅速成为编写敏捷项目验收测试非常受欢迎的方法。由于测试是用网页中的电子表格表示的，因此客户识别和编写测试的工作量大大降低。表 6.1 是可以由这些工具处理的表格类型的示例。每一行代表一组数据。在这种情况下，第一个数据行标识的是一张在 2005 年 5 月到期的 Visa 卡，其号码为 4123456789011。最后一列表示该卡是否应通过应用程序中的有效性检查。[③]在这种情况下，在程序中这张卡应该被认为是有效的。

为了执行表 6.1 中的测试，团队中的程序员需要编写代码来响应简单的 FIT 命令。她编写的代码调用应用程序中正在测试的代码，以确定信用卡的有效性。但是，要编写验收测试，客户只需要创建一个简单的表格，就可以显示数据值和预期结果。

当运行表 6.1 中的测试时，通过对测试列（本例中的最后一列）进行着色来显示结果，绿色（对于通过的测试）或者红色（对于失败的测试）。FitNesse 和 FIT 使客户或者开发人员可以轻松运行验收测试。

---

① 集成测试框架 FIT 可在 fit.c2.com 上找到。

② FitNesse 可以从 fitnesse.org 获得。

③ 有关信用卡有效性的信息，请参阅 www.beachnet.com/~hstiles/card-type.html。

表 6.1 可以在 FIT 和 FitNesse 上使用的有效的信用卡测试表格

信用卡类型	失效日期	卡号	有效性
Visa	05/05	4123456789011	TRUE
Visa	05/23	4123456789012349	FALSE
万事达信用卡	12/04	5123456789012343	TRUE
万事达信用卡	12/98	5123456789012345	FALSE
万事达信用卡	12/05	42	FALSE
美国发现卡	4/05	341234567890127	TRUE

测试的类型

测试有多种类型，客户和开发团队应该一起工作，以确保使用适当类型的测试。对于大多数系统而言，故事测试主要是功能测试，目的是确保应用程序能够如期运行。但是，还有其他类型的测试需要考虑。例如，你可能需要考虑以下测试类型中的任意一种或者全部。

- 用户界面测试，确保用户界面的所有组件都按预期运行。
- 可用性测试，这是为了确保可以轻松的使用应用程序。
- 性能测试，用于评估应用程序在各种工作负载下的性能。
- 压力测试，其中应用程序受到用户，交易或者任何可能使应用程序承受压力的极端值的影响。

测试的是 bug，而不是覆盖率

在一个敏捷的由故事驱动的项目中，测试不应成为针对很多团队的敌对活动。当发现 bug 时，不该有“我被抓到了”的心态。如果有 bug 直到系统上线时才被发现，那么团队成员没有任何可以推卸责任的余地。高度的协作性，团队秉持“我们在一起”的共同心态能够防范这种事情发生。

在做敏捷项目时，我们通过测试发现 bug 并消除它；我们不一定追求 100%代码覆盖率或者测试到所有边界条件的目标。我们用我们的直觉、知识和过去的经验来指导测试工作。

测试由最合适的测试人员完成。客户需要定义验收测试，但是她会在开发人员和专业测试人员的帮助和提供的信息下完成验收。例如，考虑表 6.1 中的测试。唯一经过测试的过期信用卡是万事达卡。如果我们努力争取完全覆盖，我们还需要测试其他类型的信用卡。但是，当客户与开发人员讨论时，她知道（在本示例中）所有卡片的处理都相同，并且测试一种类型的无效卡片就足够了。随着时间的推移，通过频繁的沟通和查看哪种类型的测试经常出现问题，项目中的每一个人都知道测试重点在哪些地方。

小结

- 验收测试用于记录客户与开发人员对话时所产生的细节。
- 验收测试记录客户可能尚未与开发人员讨论的故事的假设。
- 验收测试提供可用于确定故事是否完全实现的基本标准。
- 验收测试应该由客户而不是开发人员写。
- 验收测试在程序员开始编码之前写。
- 当新的测试无法澄清故事的细节或者意图时，应该停止写这个测试。
- FIT 和 FitNesse 是以常用的表格或者电子表格形式来写验收测试的优秀工具。

开发人员的责任

- 如果团队选择自动化验收测试，则有责任去实现。
- 当开始编码实现新的故事时，开发人员有责任思考更多的验收测试。
- 开发人员负责对代码进行单元测试，以便验收测试不需要定义故事中所有的微小细节。

客户的责任

- 客户有责任编写验收测试。
- 客户有责任执行验收测试。

思考练习题

6.1　哪些人负责定义测试？ 哪些人负责提供帮助？

6.2　为什么要在故事编码之前定义测试？

第 7 章

好故事编写指南

现在，我们已经有了一些好的基础，我们已经学习了用户故事是什么，怎样进行拖网收集和编写故事，怎样识别关键的用户角色以及验收测试在其中所起的作用，本章我们将学习好故事编写指南。

从目标故事开始

一个大型项目，尤其是那些有许多用户角色的项目，有时甚至很难知道从哪里开始识别故事。我发现最有效的方法是思考每个用户角色，并确定用户与软件进行交互的目标。例如，考虑 BigMoneyJobs 示例中的求职者角色。她确实有一个最重要的目标：找到一份工作。但是我们可以认为这个目标由以下子目标构成。

- 搜索她感兴趣的工作（基于技能、薪资和地点等）。
- 自动执行搜索，因此不必每次都手动搜索。
- 让她的简历可见，以便招聘公司可以搜索到她。
- 她很容易申请喜欢的任何工作。

上述子目标（它们本身就是高层级的故事）可以根据需要衍生出其他故事。

纵切蛋糕

面对一个大故事时，通常有很多方法可以将它拆分成更小的故事。许多开发人员第一个想到的是按照技术路线拆分故事。例如，假设团队已经觉得“求职者可以发布简历”这个故事太大，不适合当前迭代而必须拆分。开发人员可能希望将其沿着技术边界进行分割，示例如下。

- 求职者可以填写简历表。
- 把简历表上的信息写入数据库。

在上述例子中，将在当前迭代完成一个故事，而另一个故事将推迟到（可能）下一次迭代。问题在于，这两个故事本身对用户都不会非常有用。第一个故事说求职者可以填写表单，但数据不会被保存。这不仅没有用，反而会浪费用户的时间。第二个故事说，表单上收集的数据将写入数据库。如果没有第一个故事向用户提供表单，第二个故事就没有用处。

一个更好的方法是用另外一种方式来编写故事，使每个故事都能提供一定程度的端到端功能。Bill Wake（2003a）将此称为“切蛋糕”。每个故事在蛋糕的每一层都必须有一点点。根据这个方法，可以把故事“求职者可以发布简历”拆分如下。

- 求职者可以提交简历，其中只包含姓名、地址和学历等基本信息。
- 求职者可以提交简历，其中包含雇主可能想要查看的所有信息。

对一块完整的蛋糕进行纵向切片而产生的故事优于那些没有这样编写的故事，有两个原因。首先，纵向切片会涉及到应用程序架构的每一层，故事很早就涉及到每一层，可以减少在其中一层发现“最后一分钟问题”的风险。其次，尽管不理想，只要发布中包含的功能一直贯穿整个系统（尽管只包含局部功能），也可以有信心发布。

编写封闭的故事

Soren Lauesen（2002）在他的需求技巧纲要中介绍了关闭任务（closure for tasks）的想法，这个想法同样适用于用户故事。一个封闭的故事是指随着故事的实现完成，一个有意义的目标也随之完成，这能让用户觉得她完成了某件事。

例如，假设 BigMoneyJobs 网站项目包含故事“招聘人员可以管理她发布的广告”。这不是一个封闭的故事：管理发布的招聘广告是没法彻底完成的。相反，这是一项持续的活动。这个故事可以更好地构建为一组封闭的故事，示例如下。

- 招聘人员可以审核针对招聘广告的申请人的简历。
- 招聘人员可以更改招聘广告的到期日期。
- 招聘人员可以删除与职位不匹配的申请。等等。

这些封闭故事中的每一个都是未封闭的原始故事的一部分。在完成其中一个封闭故事后，用户可能会获得成就感。

编写封闭故事的目的是希望能够调和需求之间的冲突。请记住，故事还需要足够小到可以用来估算，以便故事能被安排到一次迭代中。但故事也必须足够大，以免过早捕获当下不必要的细节。

约束卡片

Newkirk and Martin（2001）推荐了一种我觉得有用的实践。他们介绍的实践是为那些必须遵守而不需要直接实现的故事卡上注明“约束”的字样。在故事卡 7.1 中，可以看到一个例子。

该系统在使用高峰时必须支持多达 50 个并发用户。 约束

故事卡 7.1　约束故事卡的一个例子

其他约束的例子如下。

- 设计的软件要便于以后实现国际化。
- 新系统必须使用我们现有的订单数据库。
- 软件必须能在所有版本的 Windows 系统上运行。
- 系统的无故障运行时间将达到 99.999%。
- 该软件易于使用。

即使约束卡没有像普通的卡片一样被估算和计划到迭代中，但它们仍然有用。至少，约束卡可以贴在墙上作为提示。更好的是，可以编写验收测试来确保约束没有被违反。例如，为故事卡 7.1 写测试并不难。理想情况下，团队会在第一次迭代的过程中写这个测试，因为那时几乎没有违反约束的可能。然后，团队将继续把这个测试作为每个后续迭代工作的一部分。只要有可能（通常是），写自动化测试来确保满足约束条件。

有关约束的更多信息，请参阅第 16 章。

根据实现时间来确定故事规模

你想把注意力集中在最需要的地方。通常，这意味着你必须更加关注在不久的将来发生的事情而不是更长远的事情。对于故事，你可以根据故事的实现时间跨度写出不同层级的故事。举例来说，对于接下来几次迭代的故事，将按照可以计划进入这些迭代的大小来写，而更远迭代的故事可能会更大且精确度更低。例如，假设在最高层级上，我们确定 BigMoneyJobs 网站将包含 4 个故事。

- 求职者可以发布简历。
- 求职者可以搜索职位空缺。
- 招聘人员可以发布招聘信息。
- 招聘人员可以搜索简历。

客户决定第一次迭代侧重于允许用户发布简历。只有在添加大量简历发布功能之后，才会关注搜索职位，发布职位空缺和搜索简历。这意味着项目团队和客户将开始进行关于故事“求职者可以发布简历”的对话。通过这些对话来扩展这个故事的细节，其他 3 个高层级的故事将被单独留下。一个可能的故事列表将变成下面这样。

- 求职者可以向该网站添加新的简历。
- 求职者可以编辑已经在网站上的简历。
- 求职者可以从网站上删除自己的简历。
- 求职者可以将简历状态设置为不活跃。
- 求职者可以将简历设置为隐藏某些雇主。
- 求职者可以看到自己的简历被查看了多少次。
- ……等等关于发布简历的故事……
- 求职者可以搜索职位空缺。
- 招聘人员可以发布职位空缺。
- 招聘人员可以搜索简历。

在写故事时，要充分利用故事的灵活性，以便应用于各个层级。

不要过早涉及用户界面

困扰软件需求方法的问题之一是将需求与解决方案混在一起。也就是说，在说明一个需求时，也要明确说明或者暗示解决方案。这通常体现在用户界面上。你希望尽可能长时间地把用户界面和故事分隔开。例如，看一下故事卡 7.2，这是一个来源于真实系统的故事。如果这个故事要在项目的早期阶段开发，那么它包含了太多用户界面的细节。这个故事的读者被告知了打印对话框、打印机列表以及至少 4 种搜索方式。

最终，用户界面细节将不可避免地塞进故事。随着软件变得越来越完整，故事从完全的新功能实现转移到功能的修改或者扩展时，这种情况就会发生。

例如，请思考一下故事“用户可以在搜索界面上的日期小部件中选择日期”。无论是在项目开始还是结束时完成，这个故事可能代表 3 天的工作量。然而，在考虑用户界面之前，你不会期望在项目开始时就有这样的故事。

打印对话框允许用户编辑打印机列表。用户可以从打印机列表中添加或删除打印机，用户可以通过自动搜索或者手动指定 DNS 打印机名称或者 IP 地址添加打印机。高级搜索选项还允许用户在限制指定的 IP 地址和子网范围内搜索。

故事卡 7.2　包含了太多用户界面细节的卡片

需求不止故事

尽管用户故事是一种非常灵活的格式，可以很好地描述许多系统的许多功能，但它们并不适用于所有的系统。如果需要以非用户故事的形式描述一些需求，那就去做。例如，用户界面通常使用具有大量界面截图的文档进行描述。同样，除了用户故事之外，你可能需要文档记录并对重要系统之间的接口达成一致，尤其是有外部供应商参与开发时。

如果发现系统的某个方面可以从不同格式的需求描述中受益，请使用该格式。

故事中包括用户角色

如果项目团队已经识别了用户角色，那么他们在编写故事时就应该使用这些角色。因此，不要写成“用户可以发布自己的简历”，应该写成“求职者可以发布自己的简历”。这种差异很小，但以这种方式编写故事会让用户存在于开发人员的头脑中。开发人员不会去思考平淡的、不形象的、可替换的用户，他们会想象真实的、具象的用户，从而开发出满足用户需求的软件。

英国公司 Connextra[1]是极限编程的早期采用者之一，他们在 2001 年使用简短的模板将角色融入故事中。每个故事都是用以下格式编写的：

我作为（角色）想要（功能）以便（商业价值）

你可能想试试这个模板或者使用你自己的模板。“role-feature-reason”这样的模板可以帮助区分重要的和无价值的故事。

为一个用户编写故事

如果只为单个用户编写故事，故事通常最具有可读性。对于许多故事来说，为一个或者多个用户编写不会有什么差异。但是，对于某些故事，差异可能很大。例如，考虑一下“求职者可以从网站上删除简历”这个故事。这可以解释为，一个求职者可以删除自己的简历，也可能删除其他人的简历。

通常情况下，当你在心中只考虑一个单独用户的故事时，这类问题就会变得清晰起来。例如，上面的故事可以写成“求职者可以删除简历”。当写成这样时，一个求职者可能会删除其他人简历的问题就变得更加明显，所以故事可以进一步改写为“求职者可以删除自己的简历”。

用主动语态

用户故事使用主动语态来编写，更易于阅读和理解。例如，不要说“简历可以被求职者发布”，而应该说“求职者可以发布简历”。

客户编写

理想情况下，客户会编写故事。在许多项目中，开发人员可以帮忙编写故事，要么在最初的故事编写工作坊中实际编写，要么向客户建议新的故事。但是，编写故事的责任在于客户，而不能传递给开发人员。

---

① 中文版编注：《敏捷教练》作者瑞秋·戴维斯（Rachel Davies）曾经是该公司最早使用极限编程且时间最长、最多的团队成员之一，后来加入 Untruly 公司，该公司创办于 2007 年，创始人司各特·巴顿（Scott Button）曾经是 Connextra 公司 CEO。Unruly 举办的两次活动“依云的轮滑宝宝”和“多芬的真美人 Sketches”因浏览量大先后于 2010 年和 2013 年入选吉尼斯世界纪录。

此外，由于客户有责任确定每次迭代的故事优先顺序，因此客户了解每个故事至关重要。做到这一点的最好方法就是客户亲自把故事写出来。

不要给故事卡编号

我们第一次使用故事卡时，许多人都想要给卡片进行编号。通常的理由是，这将有助于跟踪个别卡片或者为故事添加一定程度的可追溯性。例如，当我们发现卡片 13 上的故事太大时，我们就撕掉卡片 13，并用卡片 13.1，13.2 和 13.3 替换它。然而，给故事卡编号给流程增加了无谓的开销，并会导致我们抽象地讨论需要形象化的特性。我宁愿讨论“故事添加用户组”，也不想讨论“故事 13”，特别不想讨论“故事 13.1”。

如果觉得不得不对故事卡进行编号，可以尝试在卡片上添加一个简短的标题，并在其他的故事文本中使用这个标题的简写。

不要忘记目的

不要忘记，故事卡的主要目的是提示人们讨论该特性。保持这些简短的提示。添加所需要的细节来记住恢复对话的位置，但不要向故事卡中添加更多细节，用它来取代对话。

小结

- 要识别故事，首先考虑每个用户角色使用系统的目标。
- 在拆分故事时，尝试一下让故事纵向贯穿应用程序所有层面。
- 尝试编写大小合适的故事，让用户在完成故事后有充足的时间休息喝咖啡。
- 如果有项目领域和环境的需要，可以使用其他需求收集或文档技术来补充故事。
- 创建约束卡片，并将其贴到共享墙上或者编写测试确保约束不被违反。
- 为团队即将实现的功能编写较小的故事，为更长远未来要实现的功能编写概括性的高层级故事。
- 尽可能不让故事过早涉及到用户界面。
- 在实践中，编写故事时包括用户角色。
- 用主动语态编写故事。例如，要说“求职者可以发布简历”，而不要说“简历可以被求职者发布”。
- 为单个用户编写故事。故事应该写成“求职者可以删除自己的简历”，而不要写成“求职者可以删除简历”。

- 让客户而不是开发人员编写故事。
- 保持用户故事简短，并且不要忘记故事的目的是提示保持对话。
- 不要对故事卡进行编号。

思考练习题

7.1 假设故事“求职者可以搜索未完成的工作”太大了，不适合一次迭代完成。你会如何拆分它？

7.2 以下哪些故事大小合适，并且可以视为封闭的故事？

a. 用户可以保存她的偏好。

b. 用户可以更改用于购买的默认信用卡的信息。

c. 用户可以登录到系统。

7.3 怎样简单调整改进故事“用户可以发布他们的简历”？

7.4 如何测试约束条件“该软件易于使用”？

第 II 部分　估算和计划

我们对用户故事已经有了一定的理解，接下来要把注意力转向如何通过用户故事来估算和计划项目。在几乎所有的项目中，我们都需要或者被要求估算项目需要多少时间。营销活动的准备，用户需要接受培训，需要购买硬件，等等，这些活动都依赖于项目计划。

在第 II 部分中，我们将了解如何估算故事，以及为了交付最高优先级的故事如何创建一个概要性发布计划。然后介绍如何在每次迭代开始时为当前迭代中包含的工作内容做必要的计划，并以此来细化发布计划。最后，将介绍度量和监控项目进度的方法，以便我们可以不断调整计划以反映我们从每次迭代中获得的知识。

- 第 8 章　估算用户故事
- 第 9 章　发布计划
- 第 10 章　迭代计划
- 第 11 章　度量和监测速率

第 8 章 估算用户故事

有些项目在启动很久以后才有人开始问："什么时候完成？"估算故事的最佳方法如下。

- 当获得关于故事的新信息时，要允许我们改变想法。
- 适用于史诗和较小的故事。
- 不要花费很多时间。
- 提供有关进展和剩余工作的有用信息。
- 在估算中容忍不精确。
- 可用于制定发布计划。

故事点

有一种满足这些目标的方法是使用故事点进行估算。故事点一个很好的特点是，每个团队都可以按照他们认为合适的方式来定义自己的故事点。一个团队可能决定将故事点定义为"理想的工作日"（也就是说，没有任何中断的一天——没有会议，没有电子邮件，没有电话，等等）。另一个团队可能将故事点定义为"理想的工作周"。还有一个团队可能会将故事点定义为"对故事复杂性的衡量"。由于故事点有很多的意义，约书亚·科瑞夫斯基（Joshua Kerievsky）提出，故事点是一个代表时间的模糊单位（NUTs，Nebulous Units of Time）[①]。

---

① 约书亚·科瑞夫斯基（Joshua Kerievsky）在 2003 年 8 月 5 日的极限编程讨论上提到。他在敏捷 2016 年度大会上发表了"现代化敏"的主题演讲。

我的偏好是把一个故事点看作一个理想的工作日。我们很少有这样理想的工作日，但是使用理想日思考故事有两个好处。首先，它比使用历时估算容易得多。使用历时估算的话，我们会不由自主考虑所有其他可能的影响，比如周二的公司会议，周三的牙医预约，每天几个小时回复邮件，等等。其次，使用理想日估算故事点，和我们使用完全模糊的单位估算故事点相比，依据更好一些。由于估算的主要目的之一是能够回答项目中总计的预期工作，所以我们最终需要将估算换算为时间。显然，与一个完全模糊的单位相比，用理想日要简单一些。[①]

团队估算

故事估算需要团队集体进行。在第 10 章中，我们将看到一个故事包含多个任务，并且任务由执行任务的人自己进行估算。然而，故事估算由团队集体进行有两个原因：首先，由于团队还不确定谁负责哪个故事的实现，所以应该把故事分配给整个团队而不是某个成员。其次，与单人估算相比，团队估算可能更有价值。

由于故事估算由团队集体进行，所以团队中适当的成员参与估算是很重要的。如果团队规模很大（可能是 7 个或者更多），并不是每个开发人员都需要参与，但通常情况下，参与的人越多越好。客户在程序员估算时参与，但客户听到自己不赞成的估算时，不允许客户提出个人的估算或者发表意见。

估算

Boehm（1981）记录的宽带德尔菲方法是首选的估算方法。就像极限编程是一种开发软件的迭代方法，类似，我们对估算方法的使用也是迭代进行估算。估算方法如下。

首先，召集所有参与估算的客户和开发人员。带上故事卡和一堆额外的空白卡片（即使以电子方式记录故事描述，也请带上一些空白卡片），发给每位参与者少量的空白卡片。客户从故事集合中随机选择一个故事，读给开发人员听。开发人员根据需要尽可能多提问题，并由客户尽其所能地回答。如果客户不知道答案，得猜一猜，或者让团队推迟估算这个故事。

---

① 译注：作者在本书之后，又出版了《敏捷估算与规划》一书，在那本著作中，作者继续描述了故事点的用法。

所有事情都需要 4 个小时[1]

我最喜欢的电视节目之一是《新婚公寓》（*Mad About You*），讲的是纽约一对新婚夫妇的故事。在一集里，丈夫被妻子缠着要去买沙发。她坚持说这次出门只需要一个小时。他告诉她："世上所有事情都需要 4 个小时。你要去那里，你要做什么，吃什么，谈论你应该吃什么，然后回家。这至少要 4 个小时。"

当程序员估算一个故事时，应该考虑完成这个故事而需要做的所有事情。他们需要考虑诸如测试代码、与客户对话、可能帮助客户计划或者自动化验收测试等。如果不考虑这些活动，那就像他们期望买一张沙发只需要 1 个小时那样。

当这个故事没有更多的问题时，每个开发人员都会在卡片上写下一个估算值，先不要向其他人展示估算值。如果团队将一个故事点定义为一天的理想工作日，那么开发人员就会考虑这个故事需要多少个理想工作日才能完成。反之，如果团队已经定义了一个故事点为故事的复杂度，那么估算出的故事点就是对故事复杂度的整体估算。

当每个人都写完估算值后，所有人员都把卡片翻过来或者把卡片拿起来，好让大家都能看到彼此的估算值。这时很有可能发现，大家的估算会有很大的不同。这其实是个好消息。如果估算值不同，那么估算值高的和估算值低的人要解释他们怎么估算的。确切地说，这并不是针对人，重要的是要让大家了解他们在估算时是怎样想的。

举个例子，估得高的人可能会说："为了测试这个故事，我们需要创建一个模拟数据库对象，这可能需要一天的时间。另外，我不确定我们的标准压缩算法是否有效，我们可能需要一个更有效的内存。"估得低的人可能会响应："我想我们应该将这些信息存储在一个 XML 文件中——这比数据库要简单。同时，我也没有想到需要更多的数据，这可能会是个问题。"

就此，团队会讨论几分钟。无论出于何种原因，其他人无疑都会对如何得出极端估算值的理由提出意见。如果对故事有什么问题，客户会澄清问题。可以在故事卡上记下一两个注释。也有可能写下一两个新的故事。

在团队讨论过这个故事后，开发人员再次将他们的估算值写在卡片上。当每个人都写出修改后的估算值后，将卡片再次展示给所有人。在许多情况下，第二轮估算值会趋同接近。但是，如果估算没有趋同接近的话，应该重复让估得高的人和估得低的人解释他们

---

① 中文版编注：《新婚公寓》，国内译为《我为聊狂》，是上世纪 90 年代 NBC 的喜剧，共 7 季，获 6 项艾美奖、金球奖，收视率一度超过《绝望主妇》。

的想法。在很多情况下，估得高的人和估得低的人不会像第一轮那样。事实上，我有时会看到在讨论期间大家获得新知识之后，估得高的人和估得低的人会走向相反的极端。

估算的目标是能够汇总得出一个可用于故事的单一估算值。估算过程很少超过三轮，但只要估算得越来越接近，我们就可以继续进行这个过程。没有必要房间里的每一个人在卡片上都写着一样的估算值。要是我参加一个估算会议，如果在第二轮，四位估算者告诉我得到 4、4、4 和 3 个故事点，我就会问估得低的人，是否她能接受 4 天的估算。重点是合理而不是绝对的精确。是的，开发人员可以花更长的时间，在 3 到 4 个故事点上达成共识，但是花在这上面的时间是不值得的。

三角测量

在做出前几个故事的估算后，我们可以（并且有必要）对估算进行三角测量。三角估算是指根据被估算故事与一个或者多个其他故事的相对关系来估算这个故事。假设一个故事估算有 4 个故事点。第二个故事估算有 2 个故事点。当两个故事一起考虑时，程序员应该认同这个 4 点故事大约是 2 点故事大小的两倍。然后，当他们估计一个故事为 3 点时，他们认为它应该比 2 点故事大，但比 4 点故事要小。

这些都不是精确的，但三角测量是一个团队验证他们没有逐渐改变故事点意义的有效手段。根据尺寸将故事卡粘贴到墙上是三角测量的一个好方法。在墙上绘制垂直线，用故事点数标记每一列，然后将故事卡钉在适当列中的墙上，如图 8.1 所示。新故事估算出来后，就把它钉在适当的位置。可以很快将新估算的故事与这列的其他故事进行比较，看看它们是否“大致相同”。

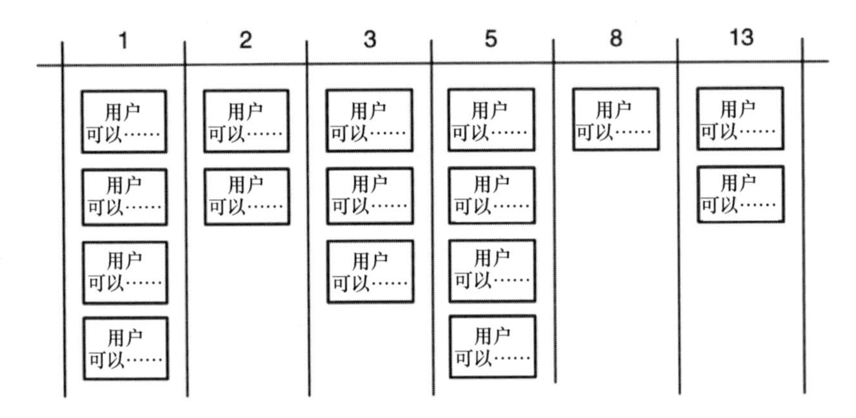

图 8.1　将故事卡钉在墙上进行三角测量

使用故事点

在一次迭代结束时，团队计算他们完成的故事点的数量。然后，他们用这个来预测在相同长度的迭代中，他们将能完成多少个故事点。例如，假设一个团队在 2 周的迭代中完成了 32 个故事点。我们最好的猜测是，他们还将在下一次迭代中完成 32 个故事点。我们使用“速率”（velocity）这个术语来表示一个团队在迭代中完成（或期望完成）故事点的数量。

让我们看看如何使用速率和故事点，以及为什么没有必要搞得那么精确。假设一个团队正在启动一个新项目。他们估算了这个项目的所有故事，得出结果总共 300 个故事点。在第一次迭代开始之前，他们计划每周完成 30 个故事点，这意味着这个项目需要 10 次迭代（周）。

在第一次迭代结束时，团队把他们完成的故事点累加起来。他们发现，他们不是完成了 30 个故事点，而是完成了 50 个故事点。如果他们能够在每次迭代中完成 50 个故事点，他们将花费总共 6 次迭代完成这个项目。他们是否应该按照测量的 50 点作为速率进行计划？是的，当然可以。他们应该基于三个条件。

首先，没有什么不同寻常的事情（比如一堆加班，多个程序员，等等）影响这次迭代的生产力。加班或者其他生产力因素对速率的影响是显而易见的。如果一次迭代的速率是基于每个人每周工作 60 小时，如果下次迭代他们又回到一周工作 40 小时，那么下一次迭代的速率将会有很大的下降。

其次，采用前后一致的方式进行估算。这很重要，因为它可以减少从一次迭代到下一次迭代的速率波动。假设在某次迭代中，团队只处理仅由高估者估算的故事，如果后面迭代中的故事是由具有不同倾向的人估算的，那么该次迭代的团队速率将会人为变高。确保估算一致的最佳方法是使用本章所描述的团队估算流程。

最后，为第一次迭代选择的故事必须是独立的，而且是按照第 2 章中提出的方法编写的。考虑一个完全由构造不好的故事组成的迭代，比如这次迭代过程中的所有工作都在处理用户界面，我们将无法使用该迭代的速率来推断剩余的迭代。

为什么这样用？

中心极限定理[1]告诉我们，任意分布的一些独立样本的和是符合正态分布的。

就我们方法而言，这意味着一个团队的故事点估算可能会偏向于低估、高估或者以

---

① 中文版编注：概率理论中最著名的结果之一，是推断统计科学性的保障，是推断统计计算方法的基础。即大量的独立随机变量之和（均值）具有近似于正态的分布。

其他方式分布。但是，当我们从这些分布中抓取一次迭代的故事时，我们抓取的故事将会是正态分布的。这意味着我们可以使用一次迭代的测量速率来预测未来迭代的速率。

自然，一次迭代的速率不是一个完美的预测。例如，包含了 1 个 20 点故事的迭代，相比包含 20 个 1 个故事点的迭代，预测精度肯定不那么准确。同样，当团队学习了新技术、新领域或者适应了新的团队成员或者新的工作方式时，速率可能会改变。

如果用结对编程呢？

团队是否选择结对编程，这对故事点估算没有影响。例如，假设一个由两名开发人员组成的团队正在使用基于理想工作日的故事点进行估算。他们没有结对编程。他们计划进行为期一周的迭代，其中包括两个故事，每个故事估算为 3 个故事点。在迭代期间，他们完成了这两个故事，他们的团队速率计为 6。

相反，假设他们结对编程，并且以理想结对工作日进行估算。他们审视故事，并决定每个人都需要 2 个理想结对工作日。在一周的迭代结束时，他们完成了两个故事，并将团队的速率计为 4。

虽然用不同的数字表示，但这两种情况下的速率是相同的。这两个团队以相同的速率前进，因为他们在迭代中完成了相同数量的工作。这意味着团队可以选择以理想结对工作日或者理想的个人程序员工作日来估算故事点，并且任何差异都将反映在速率中。

精确度随着故事大小的增加而降低

估算故事点的一个问题是，一些数字之间的差异很难证明是正确的。例如，假设开发人员正在考虑一个故事，一个开发人员建议这个故事是 2 个故事点。另一个反驳说这个故事是 3 个故事点。这个讨论是有道理的：3 个故事点比 2 个故事点多 50%的工作。两个开发人员很可能会讨论这个故事，并讨论这种差异。

然而，现在假设开发人员正在争论一个故事是否应该是 7 个或者 8 个故事点。在大多数情况下，大数字之间 1 个故事点的差值太小，是不需要讨论的。争论一个故事是 7 个还是 8 个故事点，这表明我们的估算过程在追求不必要的精确度。

为了避免这种情况并简化事情，团队可能希望同意使用一些特定的预定义值来进行估算，例如：

1，2，3，5，8，13，20，40，80

这很吸引人，因为它反映了一个事实，即随着估算值的增大，我们对这些故事的了解就会减少。如果团队有个史诗要进行估算，他们将不得不决定是 40 或者是 80，但他们不必考虑是 79 还是 80。

“敲黑板”

使用故事点有时会令人困惑。通常情况下，这是由于过于关注故事点或者试图使故事点变得比实际意义更复杂。为了能更好地使用故事点，记住如下这些要素。

- 甲团队的故事点不等同于乙团队的故事点。甲团队估算值为 3 点的故事对乙团队来说可能为 5 点。
- 当一个故事（可能是一个史诗）被拆分为组件故事时，组件故事的估算总和不需要等于初始故事或者史诗的估算值。
- 同样，一个故事可能会拆分为组件任务。组件任务估算值的总和不需要等于初始故事的估算值。

小结

- 使用故事点来估算故事，故事点是对故事的复杂度、工作量或者持续时间的相对估算。
- 估算故事需要由团队来完成，估算属于团队而不是个人。
- 通过与其他估算值进行比较来进行三角测量。
- 团队是否结对编程对故事点估算没有影响。结对编程影响的是团队的速率，而不是他们的估算。

开发人员的责任

- 开发人员有责任以一种与团队相关和可用的方式定义故事点，并要负责做到始终坚持这个定义。
- 开发人员负责给出诚实的估算。有责任不屈服于诱惑或者压力而给出低的保守估算值。
- 开发人员负责以团队估算。
- 开发人员负责保证估算的一致性。也就是说，所有的 2 点故事应该是差不多的。

客户的责任

- 客户有责任参加估算会议，但客户的责任是回答问题和澄清故事。客户不能自己估算故事。

思考练习题

8.1 在估算会议期间，三位程序员正在估算一个故事。他们分别展示了 2 个，4 个和 5 个故事点的估算值。他们应该使用哪个估算值？

8.2 三角测量估算的目的是什么？

8.3 请定义速率。

8.4 A 团队在最近两周的迭代中完成了 43 个故事点。B 团队正在开发一个单独的项目，并且拥有两倍的开发人员。他们在最近两周的迭代中也完成了 43 个故事点。为什么会这样？

第 9 章

发布计划

大多数软件项目每 2 到 6 个月的时间里都会有一个新的发布。某些网站项目可能会更频繁地发布，但即便如此，收集相关的新特性并放入一个发布中也是有益的。以产品开发路线图开始计划发布通常很有用，路线图展示了将来几个新发布中关注的主要领域。这个产品开发路线图肯定会变化——我们希望它能变化，因为这些变化将体现我们对产品、市场以及我们开发产品的能力有了更多的理解。

产品开发路线图可以很简单，它可以是将来几个发布关注的主要领域的列表，或者肯特·贝克（Kent Beck）所称的"主题"（theme）。例如，对于 BigBucksJobs.com 网站的下一个版本，我们可能列出以下主题。

- 为公司提供简历过滤和筛选工具。
- 为求职者提供自动搜索代理。
- 提高查询性能。

从一份粗略的产品开发路线图开始，我们使用以下两个问题来启动发布计划。

- 我们想在什么时候发布？
- 每个故事的优先级是什么？

一旦有了这些问题的答案，我们就可以通过估算团队在每次迭代中能够完成多少工作来计划发布。通过估算迭代中可以做多少工作，我们可以合理预测需要多少次迭代才能产生符合客户预期的版本。

我们希望什么时候发布？

理想情况下，开发人员和客户可以讨论一个日期范围，而不是一个特定的日期："我们希望在 5 月份发布，但只要我们在 7 月某个时候发布，也没有问题。"一次迭代的、故事驱动的过程很容易确定日期，但很难确定在给定日期内包括哪些内容。如果一个团队能够以一个可接受的日期范围开始来做发布计划，他们将在计划发布时拥有更大的灵活性。例如，从一个日期范围开始，团队可以做出如下承诺："经过 6 到 7 次迭代，我们应该拥有最少的功能；或许 10 到 12 次迭代，我们应该拥有 1.0 版本列表中的所有内容。"

在某些情况下，例如最常见的行业展会、关键客户的发布或者类似的里程碑发布，日期确实是固定的。如果是这种情况，计划发布实际上要容易一些，因为要考虑的变量较少。但是，在发布中决定要包含哪些故事通常更困难。

希望在发布中包含哪些特性？

为了计划发布，客户必须对故事进行优先级排序。将故事优先级排序成大家都熟悉的高中低是有用的，但是对于一个故事是相对的高优先级还是中等的优先级，可能会陷入无休止的争论。幸运的是，我们可以借用另一个来自于敏捷方法 DSDM[①]中的技术。这个优先级排序的技术，称为"莫斯科法则"（MoSCoW）。MoSCoW 是首写字母缩写，表示的含义如下：

- 必须有（Must have）
- 应该有（Should have）
- 可能有（Could have）
- 这次不会有（Won't have this time）

其中"必须有"的特性是系统的基础特性。"应该有"的特性很重要，但它们短期内有变通的解决方法。如果项目没有时间限制，那么"应该有"的特性通常是强制要求的。如果时间到了，那么"可能有"的一些特性可能会被排除在发布版本之外。"这次不会有"的特性是客户期望的，但需要在后续的发布中实现。

---

① 有关 DSDM 的信息，请参阅 *DSDM: Business Focused Development*(Stapleton 2003)。

故事优先级排序

我们可以通过多个维度对故事进行优先级排序。可以使用以下技术要素。

- 故事无法按期完成的风险（例如，具有预期的性能特征或者采用了新算法）。
- 这个故事如果延期对其他故事的影响（我们不想等到最后一次迭代才知道应用程序是三层结构，并且是多线程的）。

此外，客户和用户可以使用自己的一系列要素对故事进行优先级排序，包括如下要素。

- 故事对广泛的用户或者客户群体的吸引力。
- 故事对少数重要的用户或者客户的吸引力。
- 故事与其他故事的内聚性（例如，故事“缩小”（zoom out）本身可能并不是高优先级的，但是因为它与故事“放大”（zoom in）是互相补充的，所以它就变成了高优先级）。

总的来说，开发人员有一个他们想要实现这些故事的排序，客户也一样有自己的排序。当二者对排序有不同意见时，每次往往都是客户说了算。

但是，如果没有开发团队提供的某些信息，客户无法进行优先级排序。至少，客户需要知道每个故事需要花费多长时间。在确定故事的优先级之前，它们已经被估算并且估算值已经写在故事卡上，如故事卡 9.1 中所示。

该网站始终告诉客户看到的最后 3（？）个主题，并提供链接。 （即使处在会话之间，这个功能也能正常工作）。 估算：3 天

故事卡 9.1　提供链接回到以前看过的主题

此时，客户不会把估算值加起来，然后决定哪些故事适合，哪些故事不适合放入发布。相反，她会使用这些估算值，根据自己对每个故事价值的评估，对这些故事进行优先级排序，以便最大化向组织交付价值。一个特别的故事对组织来说可能是非常有价值的，但是需要花费一个月开发实现。另一个不同的故事可能只有一半的价值，但可能在一天内就能完成开发。

成本改变优先级

几年前，我的团队正在为从旧的基于 DOS 系统转换为大型应用程序的客户构建 Windows 用户界面。在 DOS 系统中，Enter 键用于在字段之间向前移动。客户希望我们在她新 Windows 系统中也这样实现。从她作为客户的角度来看，使用 Enter 键或者 Tab 键需要相同的开发时间是合乎逻辑的。但是，据我们估算，使用 Enter 键需要多出一周的时间。听到这些消息后，我们的客户迅速调低了这个故事的优先级。当她认为这只需要几个小时的时候，故事的优先级就是高的；而当需要一周的时候，她就决定宁可做很多其他的故事。

混合优先级排序

如果客户在进行故事优先级排序时遇到困难，则可能需要对故事进行拆分。拆分故事可以使客户给拆分后独立的故事确定不同的优先级。在一个项目中，我的故事描述显示在故事卡 9.2 中。客户在努力给故事排优先级，因为按照作者和书名搜索是必不可少的，其他搜索字段很不错，但不是必需的。故事拆分为三个故事：一个故事按照作者或者书名进行搜索；另一个故事按照杂志名称或者日期进行搜索；第三个故事则允许组合以上的条件进行搜索。

> 用户可以按照作者、杂志名称、书名、日期或以上任意条件的组合来搜索杂志文章。

故事卡 9.2　搜索条件

风险故事

回顾早期的软件开发方法，很明显，对于一个项目来说，应该是先进行风险最高的部分，还是先进行项目最有价值的部分，一直存在争论。风险驱动开发的主要支持者可能是巴瑞·鲍伊姆（Barry Boehm），他的螺旋模型集中于早期消除风险（1988）。另一方面，汤姆·吉尔布（Tom Gilb）主张先做“回报高”的部分（1988）。

敏捷方法坚定地认为，要先做最有价值的部分。这使得敏捷项目能够避免过早解决风险，并推迟构建可能并不需要的一些基础性代码。更倾向于先做最有价值的部分使得项目可以尽早发布，那时只有最有价值的功能是可用的。

但是，即使我们先做最有价值的部分，对故事进行优先级排序时，我们仍然需要考虑风险。许多开发人员倾向于先做风险最高的故事。有时这是适当的，但是仍然必须由客户做出决定。然而，客户在对故事进行优先级排序时，需要考虑技术团队的意见。

在最近的一个生物技术领域的项目中，一些故事要求对一个称为（期望最大化）标准的统计算法进行新的扩展。因为正在进行的工作是全新的，团队不能确定是否可以完成，或者需要多长时间能完成。即使不包含这些故事，产品仍然是可以上市销售的，因此客户把故事的优先级排序在中间。但是，一旦客户意识到这些故事伴随着高风险，其中足够多的故事就会排到高优先级，由此来确定开发新算法会涉及到哪些。

优先考虑基础设施需求

通常，风险故事与架构需求或者非功能性需求（如性能）相关。我在一个项目上开发了一个可以显示股票价格图表的网站程序。我们的一个故事如故事卡 9.3 所示。对于已指定的基线 Web 服务器机制，这种级别的性能需求可能是一个重大的挑战。满足这一性能需求的难度，将对我们的架构决策产生深远的影响。

每秒钟能够产生 50 幅股票走势图。

故事卡 9.3　每秒钟产生 50 幅图

我们已经承诺将 Java 作为我们的服务器端开发语言，但是我们用 Java 能够实现每秒 50 张图吗？我们是否需要使用原生的 C 或者 C ++代码来生成图像？或者，我们是否可以通过强大的缓存算法来实现吞吐量目标？这种算法可以为相隔几秒的请求提供相同的图表？

在这个实例中，客户为我们编写了故事卡 9.3。但是，她把这个故事的优先级排到很低。我们开始的几次迭代将开发可向潜在客户展示可用于产生产品初始卖点和兴趣点的特性。我们的客户认为可以在日后增加可扩展性。在某些情况下，重构系统以提高可扩展性是很容易的。在其他情况下，这种类型的重构可能非常困难。开发人员可以通过识别可以被推迟的故事来帮助客户，但如果稍后实施，可能会使开发成本变得更加昂贵。然而，开发人员不能滥用这种特权许可来引导客户同意尽早实施他们喜欢的技术特性。

在另一个项目中，客户明确希望应用程序以三层结构部署，包括数据库服务器、客户端机器和中间层，在它们之间路由请求和分发数据。客户在各种会议上与团队讨论过这个问题，她在准备的销售文档中将这个系统描述为三层结构。但是，没有任何描述需要增加中间层的故事编写出来。

这对技术团队来说变得很麻烦。他们并不介意从一个简单的双层结构（数据库服务器和客户端机器）开始开发，但经过几次迭代后，他们越来越担心没有添加中间层。他们知道，添加中间层仍然很容易，但随着每次迭代的增加会变得越来越困难。另外，由于用户故事的编写完全集中在最终用户功能上，因此不清楚何时会增加这种架构需求。

解决方法是编写一个故事，在客户对团队的工作进行优先级排序时，让这个三层结构性能的故事优先级调高。在这个实例中，我们添加了一个故事："在安装过程中，用户可以决定在 PC 本地安装所有组件，或者分别安装客户端程序、中间层程序和服务器端程序。"

选择迭代长度

开发人员和客户共同选择一个合适的迭代长度。迭代长度通常为 1 到 4 周。短迭代允许对项目进行更频繁的调整修正，并使项目的进展更具有可视性；但是，每次迭代都会产生一些额外的开销。迭代长度尽量选择短周期，选择使用长周期更容易犯错。

尽可能在项目期间坚持固定不变的迭代长度。通过一致的迭代长度，项目会有固定的节奏，也有益于团队的步调。当然，有时候需要改变迭代长度。例如，一个已经使用 3 周迭代的团队被要求在 8 周内为重要的贸易展览准备下一个版本。不要在两个 3 周的迭代后就停止迭代，在展会前留下 2 周时间。他们可以从两次正常的 3 周迭代开始，然后按照一个缩短的 2 周迭代进行。这没有什么问题。要避免的是随意改变迭代长度。

从故事点到预期工期

假定客户已将所有故事卡进行了优先级排序。团队从每张卡片中累加出估算总值是 100 个故事点。使用故事点使估算故事很容易，但现在我们需要一种方法，将故事点转换为项目的预期工期。

答案当然是使用速率。正如我们在第 8 章中所学到的，速率代表一次迭代中完成的工作量。一旦知道团队的速率，我们就可以用它将理想日转换成日历日。例如，如果我们估算我们的项目是 100 个理想日，迭代速率是 25，我们可以估算项目需要 100/25 = 4 次迭代才能完成。

初始速率

有三种方法可以获得速率的初始值。

1. 使用历史值。
2. 开始初始迭代并使用该迭代的速率。
3. 靠猜。

使用历史值是最好的选择，如果我们有一个现有的团队，正在进行一个（刚刚做过类似的）新项目，同时没有成员加入或者离开团队，那么这是可行的。不幸的是，同样的团队在两个连续的类似项目上工作是很少见的。

进行初始迭代是获得开始速率的好方法。然而，很多时候这是不可行的。例如，假设老板带着一个新的产品想法来找你。她写了她认为第一个版本需要的用户故事。她用这些故事做市场调查，并认为该产品第一年能赚 50 万美元。如果产品开发的成本足够低，公司就会开发它。如果成本不低，他们就不开发。当老板问你开发的成本是多少时，你不能总是可以自如地说:“让我做个 2 个星期的迭代后再回复你。”针对这样的情况，你需要一种方法来猜速率。

猜测速率

如果需要猜测速率，那么至少能向别人解释清楚。幸运的是，如果遵循第 8 章的建议，确实有一个合理的方法。那就是把故事点定义为大约一个理想工作日。

如果故事点是一个理想工作日，我们可以通过估算完成理想的一天工作所需的实际天数来估算初始速率。在迭代过程中，很明显团队会有很多中断，从而阻碍团队过上理想的日子。因为回复电子邮件，电话，全公司会议，部门会议，培训，提供或者参加演示，给老板洗车，面试新候选人，生病，度假，等等，团队实际的日子与理想的日子有所不同。由于存在这些中断，通常以迭代中开发人天数的三分之一到二分之一作为预计的速率。例如，一个 6 个人的团队，使用为期两周（10 个工作日）的迭代长度，每次迭代将有 60 个开发人日。他们根据预计他们的工作日与理想日之间的不同，他们可能希望把速率估算为每次迭代 20 到 30 个故事点。

当然，随着项目在初始几次迭代中的进展，团队将在项目期间获得更好的感觉。他们会在一两次迭代中知道他们的速率估算偏差有多大，并且能够改进估算，更有信心地沟通计划。

创建发布计划

因此，如果该项目有 100 个故事点，并且我们估算每次迭代的速率为 20 个故事点，那么我们可以预计项目需要 5 次迭代。发布计划的最后一步是将故事分配到每次迭代中。通过协作，客户和开发人员可以选择 20 个点优先级最高的故事，并将它们放入第一次迭代中。接下来次高优先级的 20 个点的故事放入第二次迭代，依此类推，直到所有故事分配完毕。

根据团队是否在同一地点工作（包括高层管理人员等利益相关者）和组织对形式的需要，可以通过多种方式来沟通发布计划。例如，我使用了以下方式。

- 对于在一起工作的团队，我把故事卡钉在墙上，用列来表示迭代。
- 对于记录在电子表格中的故事，我根据它们所在的迭代进行排序，然后在每次迭代中的最后一个故事之后绘制一条粗线。
- 对于感兴趣的远程利益相关者，我复印了一些记录卡（如果减小了尺寸，则可以三张一页，或者六张一页）。我标示出每次迭代的开始并且添加一个很好的封面。
- 对于感兴趣的，高度注重形式的远程利益相关者，我给他们创建了简单的甘特图。我创建了诸如“迭代 1”之类的入口，然后列出那次迭代中的故事名称。

警告

注意，不要过于相信发布计划。本章描述的技术将帮助你估算出一个项目所需的大致预期工期，并允许你做出声明“产品将在大约5～7次迭代中准备发布”。然而，并没有给你足够精确的说明，比如“我们将在6月3日完成”。

使用发布计划设置最初的期望值，但随着不断获得新信息，应该不断重置这些期望值。监测每次迭代的速率，并在了解到影响估算值的新信息时重新估算故事。

小结

- 在计划发布之前，有必要了解客户预期的发布日期以及故事间的相对优先级。
- 故事应该按照明确的顺序排列（第一、第二、第三，等），而不是模糊的分组（非常高、高、中等，等）。
- 故事由客户排优先级，但需要开发人员提供意见。
- 使用理想日进行的估算，通过使用速率转变成日历日。
- 通常估算团队的初始速率是很有必要的。

开发人员的责任

- 开发人员负责向客户提供信息（有时包括基本假设和可能的替代方法），以帮助客户对故事进行优先级排序。
- 开发人员有责任抵制优先考虑基础设施或者架构的需求，避免不切实际的提高基础设施或者架构需求的优先级。

- 开发人员负责创建一个基于实际估算的发布计划，其中包括适当规模的项目缓冲区。

客户的责任

- 客户有责任将用户故事的优先级按照所要求的精度进行排序。将它们按照高中低的优先级排序是不够的。
- 客户有责任诚实表明发布计划的最后期限。如果 7 月 15 日需要，为了安全起见，请不要在 6 月 15 日告诉开发人员你需要它。
- 客户有责任了解理想时间与日历时间之间的差异。
- 客户有责任拆分故事，并对组件故事用不同的优先级进行排序。
- 客户有责任理解为什么一个程序员的个人速率是 0.6，虽然他的速率低于 1.0，但是也不应该被斥责或者批评。

思考练习题

9.1 估算团队初始速率的三种方法是什么？

9.2 假设团队进行为期一周的迭代，由 4 名开发人员组成，如果团队的速率为 4，那么需要多少次迭代才能完成一个有 27 个故事点的项目？

第 10 章

迭代计划

利用发布计划，我们将粗粒度的故事分配进发布的多次迭代里。这种层级的计划不包含很多细节，可以避免给出精准性的错觉，但是我们基于它足可以开始行动—可以较理想地用于计划发布。然而，在每次迭代的开始阶段，很重要的事情是进一步推进计划的过程。

迭代计划概述

为了计划迭代，整个团队都要参加迭代计划会议。客户以及团队中的所有开发人员（程序员和测试人员等）都要出席并参加该会议。因为团队会详细地审视故事，所以必然会针对故事提出一些问题。团队需要在场的客户随时解答这些问题。

迭代计划会议的一般活动顺序如下。

1. 讨论故事。
2. 从故事中分解出构成任务。
3. 每项任务都有负责的开发人员。
4. 当所有的故事讨论完，所有的任务都有开发人员负责后，开发人员单独估算自己的任务，确保不做过度承诺。

以下逐一讨论每项活动。

讨论故事

团队会获得一组排好优先级顺序的故事，以此作为迭代计划会议的输入。正如程序员可能会改变他们对故事编程实现难度的看法一样，客户也可能改变对故事优先级的想法。迭代计划会议是客户向团队表达调整这些故事优先级的最佳时机。

迭代计划会议开始时，客户先从最高优先级的故事开始，将故事读给开发人员听。然后开发人员提出问题，直到充分理解故事，并将故事分解为构成任务。开发人员没有必要了解故事的每一个细节，因为并不是每个人都需要听到所有故事的所有细节，而且深入探究每个故事的细节会使会议变得冗长和低效。在计划会议之后，开发人员仍然能够与客户一起搞清楚更详细的故事细节。

改变优先级

在迭代过程中，客户最好是能够克制改变故事优先级的想法。如果在迭代期间，客户频繁改变想法，那么团队很容易受影响。例如，在一个项目中，客户和程序员见面，并就数据库搜索这个特性的工作方式达成了一致。为期 10 天的迭代过了 5 天后（搜索特性编码实现了大约三分之二），客户想出了一个更好的解决方案，它完全不同于原来那个已经完成部分编码的解决方案，客户在她的脑海里比较了这两个还未编码实现的解决方案，她自然喜欢她认为更好的那个。她敦促团队放弃目前的方法，并立即开始采用新方法。我们礼貌地请她等到迭代结束，她同意了。到那个时候，她可以拿一个完全可行的方案和另一个尚未开发的方案进行比较，前一个方案完成了搜索特性中大部分她想要的功能，而另一个版本无疑更好，但这需要 10 天的时间才能实现。

尽管她（和团队的其他成员）认为新的搜索特性会更好，但将它与已经完成开发并且充分产生了作用的特性相比，此时加入新的搜索特性并不值得。让开发人员集中精力于其他全新的特性，可以为用户提供更好的服务。

分解任务

将故事分解成任务真的没有什么技巧。许多开发人员在他们的大部分职业生涯中一直这样做。由于故事已经相当小（一般要花项目普通程序员 1 到 5 个理想工作日），所以通常没有必要进行太多的分解。

事实上，为什么要分解？为什么不把故事作为一个独立的工作单元呢？

尽管故事小到可以作为工作单元，但项目中通常将故事分解为更小的任务，以便符合项目的需要。首先，对于很多团队来说，故事不会只由一个开发人员（或者一对开发人员）来实现。故事可能会被开发人员进行拆分，要么是因为开发人员在特定技术上的专业性，要么是因为拆分工作能够以更快的方法来完成故事。

其次，故事是对用户或客户价值功能的描述，并不是开发人员的待办事项。开发人员将故事转化为构成任务通常很有用，这有助于发现那些可能已被遗忘的任务。因为是在团队中进行分解任务，所以团队全部的精力都会投入到其中。虽然有一位开发人员可能忘记“有必要更新安装程序”是故事中的一部分，但不会每个人都忘记。

对敏捷过程的诟病之一，是它没有像瀑布过程那样的前期设计步骤。尽管没有前期设计阶段，但敏捷过程的特点是做频繁的短期设计。将故事分解成任务——只用最少的设计来完成——是即时设计中的一次短脉冲，而这些短脉冲的集合取代了瀑布的前期设计阶段。

当不同的团队成员进行分解构成故事的任务时，团队中的某些人需要将任务记录下来。我个人的偏好是将任务写在团队共享会议室的白板上。

下面来看一个将故事分解成任务的例子，假设我们有一个故事“用户可以根据不同的字段搜索酒店”。这个故事可能转化为以下任务。

- 编码基本的搜索界面。
- 编码高级的搜索界面。
- 编码搜索结果界面。
- 为支持基本搜索查询数据库编写调试 SQL 语句。
- 为支持高级搜索查询数据库编写调试 SQL 语句。
- 在帮助系统和用户指南中记录新功能。

特别要注意，任务中包含更新用户指南和帮助系统的任务。尽管这个故事没有明确说明任何关于文档的内容，但团队知道在以前的迭代中有一个帮助系统和一个用户指南，并且在每次迭代结束时，他们都需要准确描述它们。如果对此有任何疑问，团队可能会问客户。

准则

因为故事已经很小，所以没有必要围绕任务的期望大小设置非常精确的指导准则。将故事分解为任务时可以使用如下这些准则。

- 如果故事的某个任务特别难以估算（例如，支持的数据格式列表，需要得到远程副总裁的批准才能响应），可以考虑把该任务与故事的其余任务分开。

- 如果任务可以由不同的开发人员轻松完成，可以考虑拆分这些任务。例如，在上述例子中，编码实现基本的搜索界面和高级的搜索界面两个任务就拆分开了。让同一个程序员或结对程序员同时工作会有一些自然的协同，但这不是必需的。以这种方式分解任务很有用，因为它可以让多个开发人员合作实现同一个故事。随着时间的推移，这在迭代结束时通常是必需的。如果团队正在使用用户界面设计师或者专门的团队，则任务“编码实现基本的搜索界面”可以拆分为两个任务：“为基本搜索界面设计布局”和“编码实现基本的搜索界面”。
- 如果知道故事的某一部分已经完成，可以考虑将这部分作为一项任务抽离出来。在前面的例子中，编码实现基本的搜索界面和高级的搜索界面是两个不同的任务。这将允许编写数据库接入代码的开发人员在搜索界面可用时，把她的SQL 语句和搜索界面连接起来。这意味着，即使高级搜索界面的任务延迟完成，也不会影响基本搜索界面这两个任务的完成。

认领责任

一旦故事的所有任务确定了，就需要团队中的成员自愿执行每项任务。如果任务是写在白板上的，开发人员只需在他们接受的任务旁边写下自己的名字。

即使团队采用结对编程，通常最好给每个任务只关联一个单独的负责人。此人将承担完成这个任务的责任。如果他需要获得客户的额外信息，他就要去负责。如果他选择结对编程，他就要去找结对的另一半。但最终确保任务能够在迭代过程中完成是他的责任。

实际上，团队中的每个人都有责任确保任务完成。团队要秉持“在一起同舟共济”的心态。而且，如果在迭代结束时，一个开发人员没有完成她接受的所有任务，团队中的其他人应该尽可能勇于承担完成。

即使个人认领任务并承担了责任，这在整次迭代期间也不是一成不变的。随着迭代过程的推进，团队进一步了解了任务，发现有些工作比预想的更容易，或者发现有些工作比预想的要困难，当初所做承诺需要改变。在迭代结束时，不应该有人说：“我完成了我的工作，但 Tom 还剩下一些任务没有完成。”

估算及确认

如果一个项目团队的速率是每次迭代 40 个故事点，那么重复前面的步骤——讨论一个故事，将其分解为任务，并确定每个任务的接受责任——重复上述步骤，直到团队讨论完客户提供的 40 个故事点的故事为止。这时每个开发人员都有责任估算自己接受的工作量。最好的方法仍然是使用理想时间进行估算。

到此时，任务应该已经足够小，以便进行准确估算。但是如果没有，也不必担心。预测一下任务的预期工期，然后继续前进。如果像本章前面所建议的那样，把任务及其关联负责人的名字都写在白板上，每个开发人员就可以将接受负责人的估算值添加到白板中。结果如表 10.1 所示。

表 10.1　容易跟踪任务，开发人员在做每一项任务，并在白板上估算

任务	负责人	估算
• 编码基本的搜索界面	Susan	6
• 编码高级的搜索界面	Susan	8
• 编码搜索结果界面	Jay	6
• 为支持基本搜索查询数据库编写调试 SQL 语句	Susan	4
• 为支持高级搜索查询数据库编写调试 SQL 语句	Susan	8
• 在帮助系统和用户指南中记录新功能	Shannon	2

开发人员估算好自己负责的每一个任务之后，需要将所有估算值进行累加，以评估在整次迭代期间是否能够完成所有任务。例如，假设一个为期 2 周的迭代即将开始，我已经接受了任务，我现在估算任务可能需要实际花 53 个小时。我很怀疑，加上我必须要做的其他事情，我不确定还有那么多时间能够直接投入到这些任务上。此时，我有以下选择。

- 保留所有的任务，保持希望。
- 请求团队中的其他人员分担一些我的任务。
- 与客户讨论，放弃一个故事（或者拆分故事，然后放弃故事中的一部分）。

如果其中一位开发人员估完了她的工作量，并认为她可以分担我的任务，那么任务负责人就可以转到她身上。但是，如果没有人有任何额外的能力来分担这些任务，那么客户必须帮忙从迭代中移除一些工作。每位开发人员都必须能够放心地承诺完成自己认领的工作。而且，由于团队秉持“在一起同舟共济”的态度，每个人都需要对团队所有的承诺感到有把握。

小结

- 迭代计划是发布计划的进一步计划，但仅限于迭代即将开始时才去做。
- 为了计划迭代，团队讨论每个故事并将其分解为构成任务。
- 任务大小没有强制的范围（例如，3～5 个小时）。相反，故事分解成任务可以

促进估算或者鼓励多名开发人员合作完成同一个故事。

- 每个任务都要有一名开发人员负责。
- 开发人员通过估算他们接受的每项任务，评估自己是否过度承诺。

开发人员的责任

- 开发人员有责任参与迭代计划会议。
- 开发人员有责任帮助把所有的故事分解成任务，而不只是自己想要做的故事。
- 开发人员为自己接受负责的任务承担责任。
- 开发人员有责任确保承担适量的工作。
- 在整次迭代过程中，开发人员负责监控自己和其他团队成员的剩余工作量。如果有可能完成自己的工作，就有责任从队友那里分担一些工作。

客户的责任

- 客户有责任对迭代中的故事进行优先级排序。
- 客户有责任指导开发人员交付他们能够提供的最大商业价值。这意味着，如果发布计划初次制定以后，若有高价值的故事，客户有责任调整优先级以交付最大的商业价值。
- 客户有责任参加迭代计划会议。

思考练习题

10.1　将故事进一步分解为构成任务：用户可以查看关于酒店的详细信息。

第 11 章

度量和监测速率

回想一下第 9 章，我们通过把项目切分成一系列的迭代来创建发布计划，每次迭代都包含一定数量的故事点。一次迭代中完成的故事点数就是项目的速率。在计划项目时，我们要么使用已知的速率（如果我们有一个速率，也许来自另一个类似的项目），或者我们假想一个速率。速率是一种有用的管理工具，所以每次迭代结束时，以及在迭代过程中监测团队的速率非常重要。

度量速率

因为速率是一个非常重要的度量指标，所以考虑如何度量很重要。大多数故事都很容易计算：团队在迭代过程中完成了某些故事，然后计算这些故事价值的所有故事点数。例如，假设一个团队在一次迭代期间完成了表 11.1 中显示的故事。

表 11.1　迭代期间完成的故事

故事	故事点
用户可以……	4
用户可以……	3
用户可以……	5
用户可以……	3
用户可以……	2
用户可以……	4
用户可以……	2
速率	23

从该表中可以看出，团队的速率是 23，这是迭代中完成的故事点数总和。如果计划发布时假定的速率不是 23，则可能需要重新审议项目计划。但是，要注意不要过早调整发布计划。不仅因为初始速率容易出错，而且速率在早期迭代过程中也可能非常不稳定。可能需要等待两到三次迭代之后，才能获得一个长期的、比较稳定的速率。

但是，那些团队只是部分完成的故事呢？它们是否应该包含在速率计算中？

不行，在计算速率时，不应该包含部分完成的故事。有几个原因。首先，一个显然的问题是没法搞清楚故事完成的百分比例。其次，我们不想使用 43.8 这样带小数的值给速率引入错误的精度。第三，没有整体完成的故事通常无法给用户或者客户带来任何价值。因此，即使故事可能已经完成了部分编码，但是如果要将软件交付给任何用户，那么这些故事通常会被排除在正式的迭代版本之外。第四，如果某个故事如此之大，那么它的组件故事都会影响速率，比如点数从 41~50，那么说明这个故事太大了。最后，我们希望尽量避免一种情况，即很多故事都完成了 90%，但很少有 100%完成的故事。在最后 10%的工作中潜藏着很多复杂性，因此只计算整体完成的故事是很重要的。

如果想在计算速率的时候把部分完成故事的工作计算在内，需要评估其中平均故事的大小，并争取把故事拆分得更小。在迭代结束测定速率时，放弃 1 个点故事的一半比忽略一个 12 点的故事要容易得多。另外，如果你经常发现迭代结束时有很多部分完成的故事（即使它们都是半个点的故事），这可能是团队内部缺乏合作的征兆。团队集中力量完成一个故事的方式会让大家意识到：大家一起先完成一些故事，比所有故事都只是部分完成更有价值。

速率不使用实际工时

注意，计算速率使用的是迭代开始之前分配的故事点数。一旦迭代完成，就不要更改团队在迭代中获得的任何故事点数。例如，假设一个故事被估算为 4 个故事点，但实际要大得多。故事完成后，团队承认他们应该给这个故事估算为 7 个故事点。但是，在计算速率时，这个故事算 4 个点，而不是 7 个。

一般情况下，鼓励团队计划下一次迭代时的速率不要超过先前迭代的速率。然而，如果团队确信一个故事被估算得太低，并且他们可以在下一次迭代中做更多的事情，就该他们允许以稍微高的速率进行计划。

尽管团队不能返回修改已完成故事的点数，但应该始终利用此类信息调整后续故事的估算。

计划速率和实际速率

一种监测实际速率是否偏离计划速率的好方法，是为每次迭代绘制计划速率和实际速率。如图 11.1 所示，计划速率一开始走低，但是之后开始增长并在第 3 次迭代中趋于稳定。

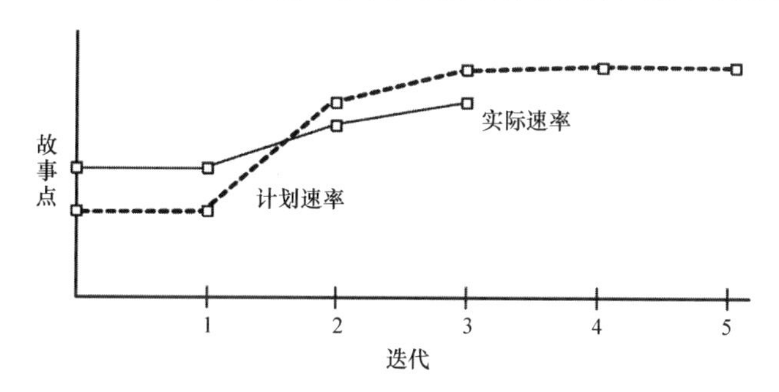

图 11.1　初始三次迭代后的计划速率和实际速率

图 11.1 中第 3 次迭代的实际速率超过了第 1 次迭代的计划速率。但是，第 2 次和第 3 次迭代中的实际改进并没有计划那么好，所以实际速率略低于计划速率。

图 11.1 中的团队如果在第 1 次迭代结束时就告诉客户团队超出计划的速率，并且可能会将交付日期提前，那么团队就会出错。那看看 3 次迭代后怎么样？ 团队可不可以说他们该调整客户对发布计划的期望？要回答这个问题，团队不仅需要图 11.1 中的速率图，还需要图 11.2 中的累计故事点图。

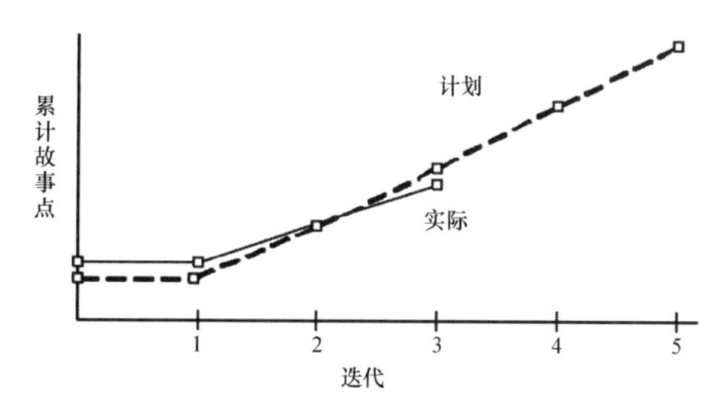

图 11.2　绘制累计计划故事点和实际故事点

累计故事点图表明了在每次迭代结束时总共完成的故事点数。因此，我们可以在图 11.2 中看到，尽管第 2 次迭代的进展比计划要慢得多，但是第 2 次迭代结束时，团队实际完成的故事点总数比计划的要多。然而，在第 3 次迭代结束后，团队在第 1 次迭代中良好的开端优势被第 2 次和第 3 次迭代中缓慢的进展蚕食殆尽。

在第 3 次迭代结束时，团队可能不会像计划的那样完成很多功能。如果客户在日常与团队的互动中没有意识到这一点，团队应该及时向客户说明情况。

发布燃尽图

查看进度的另一种有用的方法是使用迭代发布燃尽图。发布燃尽图展示了到每次迭代结束时，以故事点为单位表示的剩余工作总量。图 11.3 给出了一个例子。

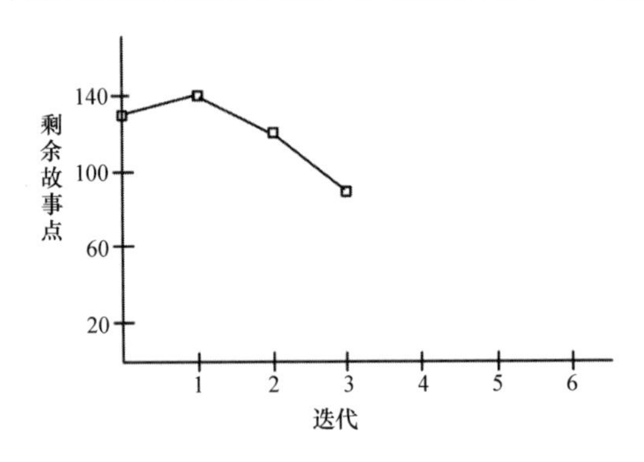

图 11.3　发布燃尽图

发布燃尽图的一个有趣的特性是，它反映了两方面的进展，一方面是已完成故事点数的进展，另一方面是发布中剩余的计划故事点数的进展。例如，假设一个团队在一次迭代中完成了 20 个故事点，但是同时客户在项目中增加了 15 个故事点的新工作。这 20 个故事点中只有 5 个是项目的净收益；当开发人员处于最佳工作状态，如果客户希望项目能够很快完成，那么他们可能不得不放慢引入新工作的速率。

从图 11.3 可以看出团队在第 1 次迭代期间实际上总体上是负向进展。他们在开始第 1 次迭代时需要完成 115 个故事点，结束该迭代时变成了 120 个故事点。经理和客户需要注意，不要不关注图 11.3 这样的燃尽图，就在团队中大喊大叫。我们无法从燃尽图中看出团队的进展有多快。图 11.3 中的团队可能完成了 90 个故事点，但客户可能已经添加了 95 个故事点。想知道团队完成了多少个故事点，请查看速率图（如图 11.1 所示）或者累计故事点图（如图 11.2 所示）。

即使没有显示出开发团队的速率，发布燃尽图也是有价值的，因为发布燃尽图更好地展现了项目进展的全局视图。敏捷软件开发的优势在于，项目开始时不需要花费冗长时间去完成项目需求规格说明。敏捷团队承认，客户不可能事先知道所有事情。因此，敏捷团队会要求客户提供尽可能多的信息，并允许客户随着项目的进展而改变或者精炼他们的想法，每个人都会进一步了解正在构建的软件。这意味着故事会持续产生新的、消失旧的，故事将会改变大小，故事的重要性也会发生变化。看一下表 11.2 所示的例子。

表 11.2　4 次迭代的进展和变化

	迭代 1	迭代 2	迭代 3	迭代 4
迭代开始时的故事点数	130	113	78	31
迭代完成的故事点数	45	47	48	31
修改后的估算值	10	4	-3	
增加的新故事点数	18	8	4	
迭代结束时剩余的故事点总数	113	78	31	0

这个项目的团队认为他们可以在每次迭代中完成大约 45 个故事点。他们从 130 个故事点开始，并计划进行 3 次迭代。他们在第 1 次迭代中完成了 45 个故事点。但是，在完成这些故事的过程中，他们认为剩下的一些故事比最初想象的要大，他们把未开始故事的估算增加了 10 个故事点。此外，客户还编写了 6 个新故事，每个故事都被估算为 3 个故事点。所以即使团队完成了 45 个故事点，他们的净进展是 45-10-18 = 17（个故事点）。这意味着在第 1 次迭代结束时，他们还剩下 113 个故事点。此时，团队可以告诉他们无法按计划在 3 次迭代内完成。即使没有新的故事出现，他们仍然有超过 90 个故事点，他们在剩下的 2 次迭代中可以合理地期望完成 90 个故事点。客户和团队商量，在第 3 次迭代后停止工作——将一些功能从软件中移除——但他们同意让项目进行第 4 次迭代。

第 2 次迭代与第 1 次类似，团队完成了 47 个故事点，但未开始的故事的估算增加了 4 个故事点。客户放慢了变更的速率，但仍然增加了 8 个点的新故事。第 2 次迭代期间的净进展为 47-4-8 = 35（个故事点）。

该团队开始第 3 次迭代，还剩下 78 个故事点。事情进展顺利，团队完成了 48 个故事点。对未开始故事的估算，他们还减少了 3 个故事点。（请想想，在前 2 次迭代中，未分配工作的估算一直增加中。）客户添加了一个或者两个总共有 4 个故事点的故事。第 3 次迭代的净进展是 48 + 3-4 = 47。这为第 4 次迭代留下了 31 个故事点，只要没什么变更，团队应该可以完成所有任务。

图 11.4 给出了该项目的发布燃尽图。从该图表可以看出，从第 1 次迭代后的燃尽线斜率可以看出，经过 3 次迭代后该项目不会完成。

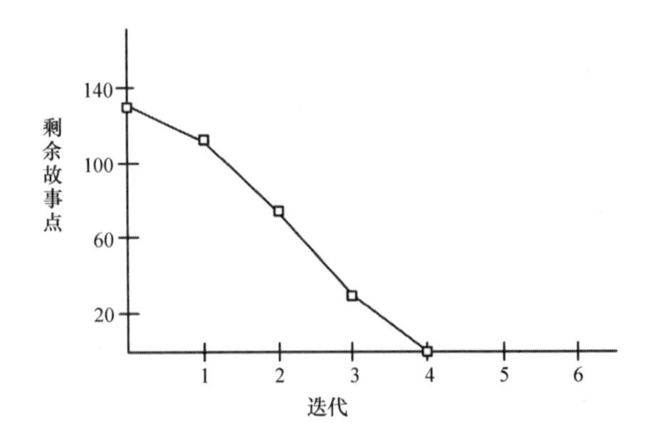

图 11.4　表 11.2 中的项目发布燃尽图

迭代燃尽图

除了在迭代结束时跟踪进度之外，燃尽图在迭代过程中也是一个很好的管理工具。在迭代期间，每日燃尽图可以展现迭代中剩余的估算工时数。例如，请参见图 11.5，其中展示了一次迭代中对每日剩余工时数的跟踪。

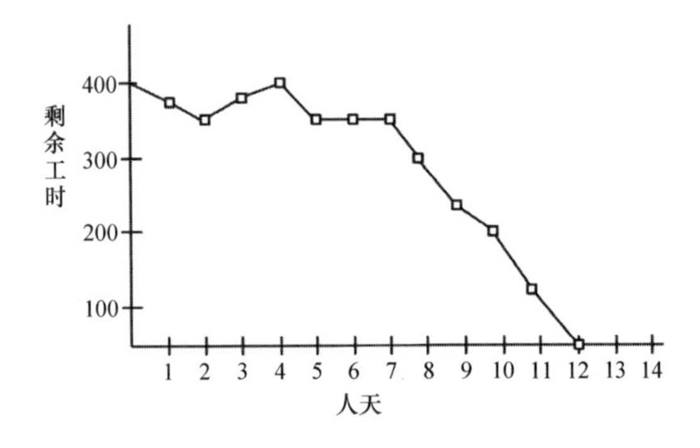

图 11.5　每日燃尽图

我倾向于使用一个普通白板，在白板上让每个团队成员调整他的剩余工时数，以此来收集剩余工作量的信息。当迭代计划刚完成时，在白板上写下注释。此时，白板将包含一个故事列表，每个故事被分解成一个或多个任务。在每个任务的旁边都有认领任务的程序员的签名。大约每天一次，我把白板上的数字加起来，然后画到一次迭代燃尽图中。在迭代开始时，白板的一部分区域与图 11.6 类似。

创建HTML页面	Thad	~~2~~ 0
从HTML表单读取搜索字段	Thad	2
创建更好的样本数据	Mary	~~2~~ 4
写servlet来执行搜索	Mary	4
生成结果页	Thad	2

图 11.6　白板上的估算值频繁修改

从图 11.6 可以看出，任务“创建 HTML 页面”已经完成，因为它的剩余工作的估算已经从 2 个工时变成了 0。然而，Mary 增加了她对任务“创建更好的样本数据”的估算。不管 Mary 是否还没开始就改变主意，或者她已经花了 2 个工时（或者 4 个或 6 个工时）在上面，她认为还需要 4 个工时，这些都可以。板子上所有这些估算的痕迹反映了她对于目前剩余工作量的看法。

团队中的每个人都知道要保持白板上的数字来反映相对最新的情况。通常在任务结束或者当天结束时更新板子，效果最好。这样就能保证反映的是最新的进展。应该鼓励团队中的每个人对剩余工作的估算尽可能准确。让程序员觉得增加剩余时间的估算和减少估算是一样正常的。

是剩余时间，不是花费的时间

注意，每日燃尽图反映得是剩余工作量，不是花费在故事或者任务上的工作量。可能跟踪所花费的时间有些好的理由（例如比较实际和计划的时间来提高估算技能，或者监测每周花费的工时）。然而，这些好处远远不能抵消记录花费时间所带来的负面作用（比如大多数开发人员会感到被微观管理得太死，以及这些数字并不准确）。

此外，真正重要的是剩下的工作还需要多少努力，而不是迄今为止已经付出了多少努力。

自然，也可以添加新的任务。然而，只有当某人意识到某项任务被遗忘，并且被遗忘的任务对于完成当前迭代中已包括的故事是必需的，才应该添加这个新任务。不应该仅仅因为某人想要迭代中包含新的内容就添加新任务；在下一次计划会议中，这样的变化应当通过调整故事的优先级排入某一次迭代。

使用大的、可视化的图表

所有本章中的图表都应该使用大的而且可视化的，是一个很有效的方法。如果组织有绘图仪，可以在绘图仪上打印图表，并将它们挂在团队公共区域的墙上或者经常走动的走廊上。如果没有绘图仪，请考虑在墙上悬挂几张大型白板，可以用来绘制图表。

在一个公共区域，我们挂了三个大的、4 英尺 ×6 英尺的白板。我在一家文具店里买了一些小黑胶带，并用它在白板上画出坐标轴。这给我们提供了永久性的坐标轴，当我们修改图表时，它们没有被擦除。每个星期，我们都会在这三个图表中增加新的数据点。一旦用完白板空间，我们会擦除掉图表并重新开始。

小结

- 在确定速率时，只计算那些整体完成的故事，即通过验收测试的故事。不要计算迭代期间部分完成的故事。
- 绘制每次迭代计划的故事点数和实际完成的点数，是监测实际速率与计划速率之间差异的好方法。
- 不要在一次或者两次迭代后就试图预测速率趋势。
- 完成任务或者故事的实际工时数对速率没有影响。
- 在每个人都可以看到的公共区域张贴大的可视化的图表。
- 累计故事点图（如图 11.2 所示）非常有用，因为它显示了在每次迭代结束时完成的故事点总数。
- 发布燃尽图（如图 11.3 所示）它反映了两方面的进展，一方面是已完成故事点数的进展，另一方面是发布中剩余的计划故事点数的进展。
- 每日燃尽图展示了迭代中每天的剩余工作，在迭代过程中非常有用。
- 记录并观察团队每个故事点产生的缺陷数，可以帮助我们发现团队速率的提升是否以牺牲质量为代价。

开发人员的责任

- 在可能的情况下，开发人员要负责完成一个故事后再进行下一个故事。最好是有一小部分完成的故事，而不是有稍微多一点但是全部都不完整的故事。
- 有责任了解做出的任何决定对项目速率的影响。
- 有责任理解本章所展示的所有图。
- 经理或者极限编程中的跟踪者，应该知道如何和何时绘制本章中介绍的所有图。

客户的责任

- 有责任理解本章中显示的每个图。
- 有责任了解团队的速率。
- 有责任了解实际速率与计划速率的比较以及是否需要调整计划。
- 有责任添加或者删除发布中的故事，以确保在受到限制的情况下尽可能满足项目目标。

思考练习题

11.1 1个故事估算为1个故事点，实际花了2天时间才完成。在迭代结束计算速率时该故事对速率的贡献是多少？

11.2 你能从每日燃尽图中看到哪些在发布燃尽图中看不到的内容？

11.3 你应该从图11.7中得出什么结论？这个项目看起来会如期完成吗？

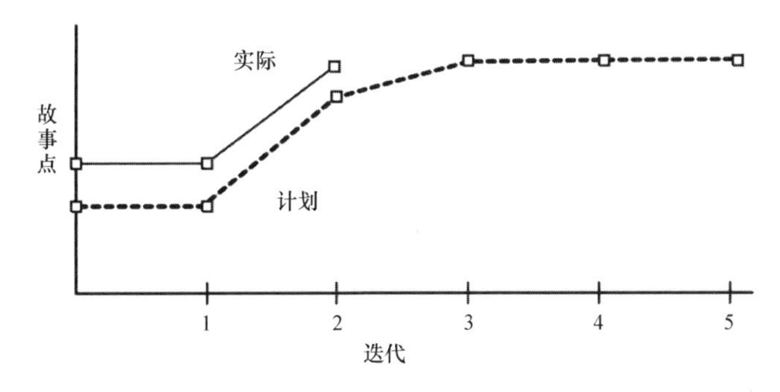

图 11.7 项目会提前完成？延期完成？还是按照计划完成？

11.4 在表11.3中完成迭代的团队速率是多少？

表 11.3 迭代中完成的故事

故事	故事点	状态
故事 1	4	完成
故事 2	3	完成
故事 3	5	完成
故事 4	3	完成一半
故事 5	2	完成

续表

故事	故事点	状态
故事 6	4	没有开始
故事 7	2	完成
速率	23	

11.5　什么情况会导致发布燃尽图反映出一个向上的趋势？

11.6　填充完成表 11.4 中的空格。

表 11.4　填写表中的空格

	迭代 1	迭代 2	迭代 3
迭代开始时的故事点数	100		
迭代完成的故事点数	35	40	36
修改后的估算值	5	−5	0
增加的新故事点数	6	3	4
迭代结束时剩余的故事点总数	76		0

第 III 部分　经常讨论的话题

我们已经讨论了用户故事的定义，怎样使用它们，以及如何估算它们，并使用它们做计划。在第Ⅲ部分中，我们开始把注意力转移到用户故事与其他需求方法之间的差异，比如需求规格文档、场景和用例。接下来，我们将了解用户故事与这些方法对比所具有的优势。

与任何方法使用时一样，有时可能会出问题，我们将关注发生问题时产生的一系列“气味”，“气味”用来代指出现差错时的信号。 用户故事起源于极限编程，并且与极限编程密切相关。在第Ⅲ部分中，我们将了解如何将用户故事与另一种敏捷方法 Scrum 相结合。 本部分还包括一些小的但常见的话题，比如故事应该写在纸上还是电子化，Bug 是否应该使用故事来编写，等等。

- 第 12 章　用户故事不是什么
- 第 13 章　用户故事的优点
- 第 14 章　用户故事的不良“气味”
- 第 15 章　在 Scrum 项目中使用用户故事
- 第 16 章　其他主题

第 12 章

用户故事不是什么

为了帮助我们更好地理解用户故事，重要的是要看它们不是什么。本章介绍用户故事与其他三种常见需求方法的区别：用例、IEEE 830 软件需求规格和交互设计场景。

用户故事不是 IEEE 830

电气和电子工程师学会（IEEE）的计算机学会（CCF）出版过一套关于如何编写软件需求规格的指导方针（IEEE 1998）。该文件称为 IEEE 标准 830，上一次修订是在 1998 年。IEEE 的建议涵盖了如何组织需求规格文档、原型的角色以及良好需求的特征等主题。IEEE 830 样式的软件需求规格最显著的特点是使用“系统应该……”这样的句式，这是 IEEE 编写功能需求的推荐方法。IEEE 830 推荐的典型需求片段类似于如下描述。

4.6　系统应该允许一家公司使用信用卡支付职位招聘的费用。

4.6.1　系统应该接受 Visa 信用卡、万事达信用卡和美国运通卡。

4.6.2　系统应该在招聘信息发布到网站之前从信用卡中支取费用。

4.6.3　系统应该给用户一个唯一的确认编号。

用这种方式编写的需求文档，记录过程非常耗时。坦率地说，读起来很乏味枯燥。仅仅因为阅读的系统需求是乏味的、容易出错的，就放弃一种方法，这个理由是不充分的。但是，如果要处理 300 页这样的需求（并且这只是一个中等规模的系统），则必须假定并不是每个人都能读得完。读者要么略读或者要么跳过无聊的部分。另外，在这个层级编写的文档经常会使读者无法理解全局。

一个警告信号

使用需求规格的项目误入歧途的一个警告信号是，对于需求规格文档，软件开发小组与市场营销或者产品管理等其他小组之间发生了冲突。通常情况是产品管理（或者类似的）小组编写了一份需求规格给开发人员，然后开发人员重写这个文档，以表达他们对产品管理小组首先编写的需求文档的理解。开发人员总是小心地给他们的文档起一个完全不同的名字（比如功能规格），以隐藏它与最初的文档一样的事实，其实这两个文档只是从不同组的视角编写而已。

两个小组都知道，任何重要项目的需求规格说明都太难读，并且完全无法理解，也不可能把需求写到期望的精度。因此，无论哪个编写最终需求的团队，他们都声称对文档的意图有归属权。当项目完成，开始追究责任时，他们会指向文档的各个部分，并断言缺少的特性已经隐含在文档中。或者由于文档中某处埋有的一句话，使预期功能明显超出范围。

大多数时候，当我看到两个团队给基本上相同的文档编写单独的版本时，我已经知道他们将把自己推入项目结束时的问责会议中，并辩称自己知道文档的意图。使用用户故事就可以避免这种情形。随着从文档切换到对话的过程中，我们知道没有什么是最终不变的。那些看起来像是合同的文件感觉就是定案。对话不会给人有这种感觉。如果我们今天讨论过了，然后下个月我们学习到一些新东西之后，再讨论。

我们总是想通过思考，思考，再思考，来规划一个好系统，然后将所有需求写为“系统应该……”，这听起来比“如果可能，系统将……”会更好，更不要说相对于“如果有时间的话，我们会努力……”的说法了。但后一种说法却更能表征大多数项目的现实情况。

不幸的是，以这种方式写出所有系统需求是不可能的。当用户看到为他们构建的软件时，会出现一个强大且重要的反馈循环。当用户看到软件时，他们会冒出新的想法进而改变他们之前的想法。当需求规格中描述的软件需求更改时，我们习惯于将其称为“范围变更”。这种想法是不正确的，有两个原因。首先，这意味着在某种程度上，该软件已经足够为人熟知，因为它的范围被认为是完全明确的。我们已经了解到，一旦用户看到软件，他们就会有不同的（和更好的）意见。其次，这种类型的思考强化了这样一种信念：当软件完成一份需求列表时，它就是完整的，而不管软件是否满足了预期用户的目标。如果用户目标的范围发生了变化，那么也许我们可以说“范围变更”，但即使只是特定软件解决方案的细节发生了变化，这个术语通常也是适用的。

IEEE 830 的需求写法已经将许多项目带入歧途，因为它们将注意力集中在需求列表，而不是用户的目标上。需求列表不会像故事那样让读者对产品有全面的了解。在阅读需求列表时，你会不由自主地在头脑中考虑解决方案。Carroll（2000）认为设计师“可能只为他们遇到的前几个需求提供解决方案”。例如，考虑以下需求：[①]

3.4　产品应该有一个汽油发动机。

3.5　产品应该有四个轮子。

3.5.1　产品应该在每个车轮上安装一个橡胶轮胎。

3.6　产品应该有一个方向盘。

3.7　产品应该有一个钢体。

这时，我想在你的脑海中会浮现汽车的图像。当然，汽车满足上面列出的所有需求。你脑海中的那辆可能是一辆粉红色的敞篷车，而我可能正在设想一辆蓝色皮卡。可能你的敞篷车和我的皮卡的差异都会在额外的需求说明中提到。

但假设用户不是写一个 IEEE 830 样式的需求规格，而是告诉我们她的产品目标如下：

- 该产品可以让我轻松快捷地修剪草坪。
- 我在使用产品的时候很舒服。

通过审视用户的目标，我们得到了一个完全不同的产品视图，并意识到客户真正想要的是一个可骑的割草机，而不是一辆汽车。虽然这些目标不是用户故事，但是 IEEE 830 文档只是一个需求列表，而故事则描述了用户的目标。通过从用户的角度关注新产品的目标，而不是新产品的属性列表，我们能够设计出更好的解决方案来满足用户的需求。

用户故事与 IEEE 830 样式的需求规格之间的最后区别在于，对于后者而言，在所有需求被写下之前，每个需求的成本都不可见。典型的情况是，一个或者多个分析师花费 2~3 个月（通常更长）来写冗长的需求文档。然后交给程序员，程序员会告诉分析师（消息会被转达给客户），该项目需要 24 个月，而不是分析师希望的 6 个月。在这种情况下，分析师在编写团队没有时间开发的文档的四分之三上浪费了时间，而且随着开发人员、分析师和客户反复讨论哪些功能可以及时开发，将浪费更多的时间。而每个用户故事开始都会有一个估算。客户知道团队的速率和每个故事的故事点数。在编写完足够填补所有迭代的故事之后，她就知道她已经完成了自己的工作。

肯特（Kent Beck）用类似的方式解释了这种差异。[②]当你参加婚礼时，你不会看到每件物品的成本。你只是想要列出你自己的愿望清单。这可能适用于婚礼，但它不适用于软件开发。当客户将一个条目放在她的项目愿望清单中时，她需要知道它的成本。

---

① 改编自 *The Inmates Are Running the Asylum*（Cooper 1999）。

② 个人交流，2003 年 11 月 7 日。

如何以及为什么要使用此特性？

需求列表一个更大的问题是，列表上的条目描述了软件的行为，而不是用户的行为或者目标。需求列表很少会回答“但是，如何使用以及为什么会有人使用这个特性呢？”

极限编程开发人员和《软件配置管理模式》一书的作者贝克扎克（Steve Berczuk）指出这个问题的重要性：“我无法统计，我通过获取特性列表并要求客户创建使用这些特性的场景多少次节省了大量的工作。通常客户会认识到这个特性其实并不需要，而且你应该把时间花在构建能够增加价值的东西上面。”①

用户故事不是用例

Ivar Jacobsen（1992）引入了用例，现在用例已经广泛应用在统一过程（Unified Process）中。用例是对系统和一个或者多个执行者之间的一组交互作用的一般描述，其中执行者是用户或者另一个系统。用例可以用非结构化文本，或者符合结构化的模板来编写。Alistair Cockburn（2001）提出的模板是最常用的模板。图 12.1 展示了一个示例，它等同于用户故事“招聘人员可以用信用卡支付招聘职位的费用”。

由于这不是一本关于用例的书，所以我们不会完全覆盖图 12.1 中所示用例的所有细节。但是，还是需要回顾一下主要成功场景和扩展部分。主要成功场景描述了用例的主要成功路径。在这个示例中，完成所示的 5 个步骤后即可获得成功。扩展部分定义了用例的其他路径。通常情况下，扩展部分用于错误处理；但是，扩展部分也可以用于描述次要的成功路径，例如图 12.1 中的扩展 3a。用例的每条路径称之为场景。因此，从 1 到 5 的顺序步骤表征了主要成功场景，另一个场景由序列 1，2，2a，2a1，2，3，4，5 的顺序步骤来表征。

故事和用例之间最明显的区别之一是它们的范围。两者的大小都是为了提供商业价值，故事的范围较小，由于我们对其规模（例如不超过 10 天的开发工作）进行了约束，以便故事可以用于计划工作。用例覆盖的范围几乎总是比故事的更大。例如，用户故事“招聘人员可以使用信用卡为职位招聘付费”，我们发现它与图 12.1 所示的主要成功场景类似。这导致了用户故事类似于用例的单个场景的言论。每个故事不一定等同于主要的成功场景；例如，我们可以编写故事“当用户尝试使用过期的信用卡时，系统会提示她输入不同的信用卡”，这相当于图 12.1 的扩展 2b。

---

① 2003 年 2 月 20 日发布于 extremeprogramming@yahoogroups.com。

用户故事和用例在完整性上也有所不同。格雷宁（James Grenning）指出，故事卡上的文字“加上验收测试与用例基本相同”。[①]他的意思是故事对应于用例的主要成功场景，而且故事的测试对应于用例的扩展。

例如，在第 6 章中，我们看到故事“招聘人员可以用信用卡支付招聘职位的费用”合适的验收测试可能如下。

- 使用 Visa 信用卡，万事达信用卡和美国运通卡进行测试（通过）。
- 用大来卡测试（失败）。
- 用正确的、错误的和空的卡号测试。
- 使用过期的信用卡测试。
- 测试不同的交易金额（包括超过信用卡额度限制）。

看看这些验收测试，我们可以看到它们与图 12.1 中扩展之间的相关性。

用例和故事之间的另一个重要区别是它们的寿命。只要产品处于积极的开发或者维护状态，用例通常就是“永久性”的工件。另一方面，故事不会超过它们所在的迭代时间。尽管可以对故事卡进行存档，但是许多团队只是简单地将它们撕掉。

另一个区别是用例更倾向于包含用户界面的细节，尽管 Cockburn（2001）和 Adolph, Bramble 等（2002）提示避免这种情况。发生这种情况有几个原因。首先，用例通常要用到大量的纸张，而没有其他合适的地方存放用户界面需求时，它们会被放在用例中。其次，用例编写者会过早关注软件的实现，而不是去关注商业目标。

包括用户界面的细节肯定会导致问题，特别是在新项目的早期阶段，先入为主的想法往往会使用户界面的设计变得更加困难。我最近碰到了图 12.2 所示的用例，它描述了撰写和发送电子邮件的步骤。

这个用例自始至终都是假设的用户界面。它假设系统有一个“新建邮件”的菜单项，其中有一个用于撰写新邮件的对话框，对话框中有主题和接收人的输入字段，还有一个发送按钮。许多这样的假设看起来都很好，而且没有问题，但是它们可能会遗漏了一个用户界面，在这个界面，我可以通过点击一个收件人的名字而不是输入名字来启动一份新邮件。另外，图 12.2 的用例排除了使用语音识别作为系统接口。不可否认，与语音识别相比，有更多的电子邮件客户只使用手动输入，但关键是在用例中详细说明用户界面是不合适的。考虑一下可以替代图 12.2 的用户故事:“用户可以撰写和发送电子邮件。”没有隐藏的用户界面假设。使用故事，用户界面就会在与客户的对话中产生。

---

① 2003 年 2 月 23 日发布于 extremeprogramming@yahoogroups.com。

用例标题：支付职位招聘的费用

主要执行者：招聘人员

级别：执行者目标

前置条件：工作信息已经输入，但还不可以浏览。

最低保证：无

成功保证：发布工作；从招聘人员的信用卡中收取费用。

主要成功场景：

1. 招聘人员提交信用卡卡号、日期和验证信息。
2. 系统验证信用卡。
3. 系统收取信用卡中全额费用。
4. 求职者可以看到招聘信息。
5. 给招聘人员一个唯一的确认编号。

扩展：

2a：如果该信用卡不是系统可以接受的类型：

2a1：系统通知用户使用不同类型的信用卡。

2b：如果信用卡已经过期：

2b1：系统通知用户使用不同类型的信用卡。

2c：如果信用卡没有过期：

2c1：系统通知用户使用不同类型的信用卡。

3a：如果信用卡没有足够的额度可以支付发布费用。

3a1：系统会尽可能多地收取当前信用卡上的金额。

3a2：用户被告知有关问题，并要求输入第二张信用卡用来支付剩余的金额。用例继续跳转到步骤 2。

图 12.1　用于支付职位招聘的用例示例

用例标题：撰写并发送电子邮件

主要成功场景：

1. 用户选择“新建邮件”菜单项。
2. 系统向用户显示“撰写新邮件”对话框。
3. 用户编辑电子邮件正文，主题字段和收件人。
4. 用户单击发送按钮。
5. 系统发送邮件。

图 12.2　撰写和发送电子邮件的用例示例

为了解决使用用例过程中的用户界面假设问题，Constantine and Lockwood（1999）建议使用基本用例（essential use case）。基本用例剥离了技术和实现细节的隐藏假设。例如，表 12.1 展示了一个撰写和发送电子邮件的基本用例。基本用例的有趣之处在于，用户意图可以直接体现成用户故事。

表 12.1　一个基本用例

用户意图	系统责任
撰写电子邮件	
注明收件人	
	收集电子邮件内容和收件人
发送电子邮件	
	发送邮件

用例和故事的另一个区别是，它们编写的目的不同（Davies 2001）。用例是采用客户和开发人员都可以接受的格式编写的，以便每个人都可以阅读并接受它们。目的是记录客户和开发团队之间的协议。而另一方面，编写故事是为了方便地进行发布计划和迭代计划，并作为用户详细需求对话的占位符。

并非所有的用例都是如图 12.1 所示那样通过填写表单来编写的。有些用例被编写成非结构化的文本。科博恩（Cockburn）称之为“用例小结”（Use case brief）。用例小结与用户故事有两点不同。首先，由于用例小结必须覆盖与用例相同的范围，因此用例小结的范围通常比用户故事的范围要大。也就是说，一个用例小结通常会讲述多个故事。其次，用例小结的生命周期与产品的生命周期相同。而用户故事则被处理掉了。

最后，用例通常写成分析活动的结果，而用户故事则写成注释，用于发起分析对话。

用户故事不是场景

除了参考用例中的单一路径之外，人机交互设计师还使用了“场景”这个词。在这里，场景是用户与计算机交互的详细描述。交互设计场景与用例场景不同的。事实上，一个交互设计场景通常比一个用例更大，更全面。例如，思考一下以下场景：

> Maria 正在考虑转行。自从繁荣的网络辉煌时代起，她就一直在 BigTechCo 担任测试工程师。Maria 原来是一名高中数学老师，她认为如果回到学校教学，自己可能会更快乐。Maria 去了 BigMoneyJobs.com 网站。她用用户名和密码创建了一个新账户。然后，她创建了自己的简历。她想

在爱达荷州的任何地方找到一份数学教师的工作，但最好能靠近科达伦（Coeur d'Alene），就是她目前工作的地方。Maria 找到了一些符合她搜索条件的工作机会。她最感兴趣的工作是北岸学校，这是博伊西的一所私立高中。Maria 在那儿有一个朋友 Jessica，她觉得 Jessica 应该认识北岸学校的人。Maria 输入 Jessica 的邮箱，把工作机会链接发给她，并附上一张纸条，询问她是否认识学校里的任何人。第二天早上，Maria 收到了 Jessica 发来的邮件，说她不认识学校里的任何人，但她知道北岸学校，学校的声誉很好。Maria 点击了一个按钮，把自己的简历提交给北岸学校。

Carroll（2000）说，场景包括以下几个特征元素:

- 应用环境
- 执行者
- 目标或目的
- 行动和事件

应用环境是故事发生的地点。在 Maria 的故事中，故事大概发生在她家里的电脑上；但由于没有说明，故事的地点也可能是工作日期间她的办公室里。

每个场景至少包含一名执行者。一个场景可能有多个执行者。例如，在我们的场景中，Maria 和 Jessica 都是执行者。Maria 称为主要执行者，因为该场景大多描述了她与系统的交互。但是，由于 Jessica 收到系统发送的电子邮件，然后使用该网站查看招聘信息，她被视为辅助执行者。与用例不同，交互设计场景中的角色总是人而不是其他系统。

场景中的每个角色都在追求一个或者多个目标。与执行者一样，角色可以有主要和次要目标。例如，Maria 的主要目标是在她期望的地点找到一份合适的工作。在努力实现这一目标的同时，她也追求次要目标，例如查看酒店的详细信息或者与朋友分享信息。

Carroll 引用的行动和事件称为“场景的故事情节”，是执行者为实现自己的目标或者系统响应而采取的步骤。在爱达荷州寻找工作是 Maria 执行的一项行动。对该行动的响应是显示匹配工作列表的系统事件。

用户故事和场景之间的主要区别在于范围和细节。场景包含更多细节，其范围通常包含多个故事。前面示例的场景包含许多可能的故事。

- 用户可以通过电子邮件将有关工作的信息发送给朋友。
- 用户可以创建简历。
- 用户可以提交她的简历以获得匹配的工作。
- 用户可以按地理区域搜索工作。

尽管包含更多的细节，场景（像故事一样）也会通过讨论获得可用的细节。

- Maria 使用用户名和密码登录该网站。是否所有用户都需要登录该网站？或者登录后允许 Maria 使用一些功能（可能是发送电子邮件的功能）？
- 当 Jessica 收到这封电子邮件时，电子邮件是否包含有关该工作的信息，或者只是一个到网站工作信息页面的一个链接？

小结

- 用户故事与 IEEE 830 软件需求规格说明，用例和交互设计场景存在着差异。
- 无论考虑多么全面，我们都不能完全定义一个完整的具有相当规模的系统。
- 在定义需求和用户及早频繁接触软件之间，存在一个有价值的反馈循环。
- 考虑用户的目标比列出解决方案的特点更重要。
- 用户故事与用例场景类似。但用例一般比单个故事要大，并且可能更倾向于包含用户界面的嵌入式假设。
- 另外，用户故事与用例的完整性和寿命不同。用例比用户故事更完整。用例存在于整个开发过程中；用户故事是暂时的，它们的生命期仅限于开发它们的迭代中。
- 用户故事和用例是为不同目的而编写的。用例的编写使开发人员和客户可以讨论并达成共识。编写用户故事是为了方便计划发布，并用于提示开展充实需求细节的对话。
- 与 IEEE 830 需求规格和用例不同，用户故事不是分析活动的产物。相反，用户故事是进行分析的支持工具。
- 交互设计场景比用户故事更具体，而且提供的细节类型并不相同。
- 典型的交互设计场景比用户故事大得多。一个场景可以包括多个用例，也可以包括许多用户故事。

思考练习题

12.1 用户故事和用例之间的关键区别是什么？

12.2 用户故事与 IEEE 830 需求规格之间的关键区别是什么？

12.3 用户故事和交互设计场景之间的关键区别是什么？

12.4 对于一个重要的项目，为什么不可能在项目开始时写出所有需求？

12.5 与列出要构建的软件的特性列表相比，考虑用户目标会有哪些优势？

第 13 章

用户故事的优点

处理需求有很多种方法，为什么我们选择用户故事？本章介绍了（相对于其他方法）用户故事有哪些优点。

- 用户故事强调口头沟通。
- 每个人都能理解用户故事。
- 用户故事的大小适合做计划。
- 用户故事适合于迭代开发。
- 用户故事鼓励推迟细节。
- 用户故事支持随机应变的开发。
- 用户故事鼓励参与式设计。
- 用户故事增强了隐性知识。

在介绍了用户故事相对于其他方法的优点后，本章最后指出了用户故事几个潜在的不足。

口头沟通

人类曾经拥有如此了不起的口述传统：最早的神话故事和历史都是从一代口述传到下一代的。直到雅典统治者为了防止遗忘，开始记录下荷马史诗的《伊利亚特》，荷马史诗这样的故事都不是通过阅读而是通过口口相传来传播的。过去人们的记忆力一定比我们现在好得多，从 20 世纪 70 年代开始，人们的记忆力开始减退，不然，为什么“系统会提示用户输入登录名和密码”这样的简短语句都记不住。所以，我们只好开始把这些记录下来。

从那时起，我们开始误入歧途。我们将注意力转移到共享文档，而不是共同的理解。

我们很容易想当然，认为如果一切都写下来，并且都同意，那就不会有分歧，开发人员将确切地知道要构建什么，测试人员将确切地知道如何测试它，最重要的是，客户将得到他们确实想要的系统。不幸的是，恰恰相反，这是错误的：客户只会得到开发人员根据对他们写下内容的理解所开发出来的系统，而这可能并不是他们想要的。

在尝试之前，这似乎很简单，你写下一堆软件需求，并让一组开发人员准确构建你想要的。但是，在能够足够精确描述午餐菜单时，我们有时候都会遇到困难，更别说编写软件需求会有多难了。前些天，我的菜单上写着：

> 主菜提供汤或者沙拉和面包。

这不应该是一个难以理解的句子，然而我究竟可以选择以下哪一种？

> 汤或者（沙拉和面包）（汤或者沙拉）和面包

我们经常以为书面文字好像是精确的，然而并不是。将菜单上写的字与服务员说出的话对比："你喜欢汤还是沙拉？"更妙的是，她在接受我的订单之前，把一篮面包放在桌上，消除了我所有含糊不清的情绪。

同样糟糕的是，单词可以具有多重含义。作为一个极端的例子，考虑如下两个句子：

> Buffalo buffalo buffalo.
> Buffalo buffalo Buffalo buffalo.

哇咔咔！这些句子可能是什么意思？Buffalo 可能的意思是大的毛茸茸动物（也称为"野牛"）或者纽约州的一座城市（布法罗市），或者可能它的意思是"恐吓"，例如"开发人员在恐吓之下承诺了一个提早交付的日期。"因此，第一个句子的意思是野牛威胁其他野牛。第二句话的意思是野牛威胁布法罗市的野牛。

除非我们正在为野牛编写软件，否则这是一个不可能出现的例子。但是，与如下典型的需求声明相比，难道你还能说它差吗？

- 每当用户输入无效数据时，系统应该突出地显示警告消息。

"应该"是否意味着如果我们愿意，这个需求就可以被忽略？我应该每天吃三份蔬菜，但是我不。"突出地显示"是什么意思？对于编写需求的人和开发与测试人员来说，对于"突出地"，可能会有不同的理解。

另一个例子，我最近遇到了一个需求，这个需求是指用户在数据管理系统中命名文件夹的功能。

- 用户可以输入一个名称。它可以是 127 个字符。

从这个陈述中，我们不清楚用户是否必须要给文件夹输入一个名称。可能系统为该文件夹提供了默认名称。第二句话几乎完全没有意义。文件夹名称一定要 127 个字符，还是可以有不同的长度？

把东西写下来确实有好处：书面文字有助于克服短期记忆的限制，分心和中断等。但是，如果我们更多地关注讨论需求而不是记录需求，那么一些产生混淆的来源就会消失，不管是来自书面文字的不精确性还是来自文字的多种含义性。

当然，我们语言中的一些问题也存在于口头和书面沟通中；但是当客户、开发人员和用户讨论需求时，就会有机会进行一个简短的反馈循环，从而导致彼此相互学习和理解。文字的精确性和准确性的假象不会出现在对话中。没有人在对话中进行签字，也没有人拿出来指着它说："就在那里，三个月前的一个星期二，你说密码不可能包含数字。"

用户故事的目标不是记录关于所需特性的每一个细节；相反，用户故事只是写下几个短句，这些句子会提示开发人员和客户将来需要进行对话。我经常通过电子邮件进行沟通，如果没有它，我不可能完成我的工作。我每天收发数百封电子邮件。但是，当我需要与某人谈论某些复杂的事情时，我总是会拿起电话或者直接走到对方的办公室或者工作区。

最近有一次关于传统需求工程的会议，会议里包括为期半天编写"完美需求"的教程，并承诺传授编写更好的语句以实现"完美需求"的技巧。但我看来，写出完美的需求看起来更像是一个高不可攀的目标。

即使需求文档中的每个语句都是完美的，仍然存在两个问题。首先，用户在了解有关正在开发软件的更多信息时，将精炼他们的观点。其次，不能保证这些完美部件的总和是一个完美的整体。汤姆（Tom Poppendieck）提醒我，100 只完美的左鞋也配不成一双完美的鞋。比完美的需求更有价值的目标应该是，通过频繁对话来增加适当的故事。

用户故事容易理解

与 IEEE 830 样式的软件需求规格说明相比，用例和场景的优势之一就是用户和开发人员都能够理解。IEEE 830 样式的文档通常包含太多的技术术语使用户看不明白，包含太多特定领域的术语使开发人员无所适从。

相比用例或者场景，用户故事更容易理解。Constantine and Lockwood（1999）察觉到，场景过于强调现实和细节，可能会产生场景模糊而且泛化的问题。这使得根据场景来理解人机交互的本质时更加困难。由于故事是简洁明了的，并且故事的编写始终是为了可视化客户或用户的价值，所以它们始终易于被业务人员和开发人员理解。

另外，在 20 世纪 70 年代后期的一项研究发现，如果组织成故事，人们能够更好地记住各种事件（Bower，Black and Turner 1979）。更棒的发现是，研究参与者能够更好地回忆既定的行为以及潜在的行为。也就是说，故事不仅有助于回忆所陈述的行为，而且有助于回忆潜在暗示的行为。我们编写的故事比传统的需求规格甚至用例更为简洁。如果需求是使用故事来编写和讨论的，那么更能加强大家的记忆。

用户故事的大小适合于计划

另外，用户故事的大小不太大，也不太小，用于做计划恰到好处。在大多数开发人员的职业生涯中，需要经常要求客户或用户对 IEEE 830 样式的需求进行优先级排序。通常的结果是，90%的需求是必须要有的，5%是非常需要的，但是可以暂时推迟，另外 5%可以延迟久一点。这是因为对成千上万的以“系统应该……”开始的语句进行优先级排序，很难分清轻重缓急，例如，考虑以下示例需求。

4.6　系统应该允许使用信用卡预订一个房间。
4.6.1　系统应该接受 Visa、万事达信用卡和美国运通卡。
4.6.1.1　系统应该确认信用卡未过期。
4.6.2　在确认预订前，系统应该在入住前的晚上向信用卡收取所有入住晚上的所示费用。
4.7　系统应给用户一个唯一的确认号码。

在 IEEE 830 需求规格中，每个层次的嵌套都表明了需求语句之间的关系。在上面的例子中，认为客户可以将 4.6.1.1 与 4.6.1 分开进行优先级排序，这是不现实的。如果需求条目不能被排列优先级或者单独开发，那么也许它们就不应该作为单独的需求条目来编写。如果它们分开单独编写，只是以便每一条都可以进行独立测试的话，那么直接写测试会更好。

考虑到在一个典型产品的软件需求规格中有数千或者数万条语句（以及它们之间的关系），可以看出对这个需求列表进行优先级排序有多么困难。

用例和交互设计场景会遇到相反的问题——它们太大了。有时候对几十个用例或者场景进行优先级排序很简单，但结果往往是无用的，因为通常并不是所有最高优先级的事项都比所有第二优先级的事项更重要。许多项目试图通过编写许多较小颗粒度的用例来纠正这一问题，结果往往是矫枉过正。

与用例和场景相比，故事的大小是可以掌控的，这样它们就可以方便地用于计划发布和开发人员进行编码和测试。

用户故事适合迭代开发

与迭代开发相辅相成，是用户故事一个巨大的优势。在开始编写第一行代码之前，我不需要编写出所有的故事。我可以写出一部分故事，编写代码并测试这些故事，然后根据需要的节奏重复这个过程。编写故事的时候，我可以在需要的时候写出适当的细节。由于故事本身可以进行迭代，所以用户故事很适合迭代开发。

例如，如果我正在开始考虑一个项目，我可能会写史诗故事，例如“用户可以撰写和发送电子邮件”。这可能适合非常早期的计划。后来我会把这个故事拆分成也许一打其他的故事。

- 用户可以撰写电子邮件。
- 用户可以在电子邮件中包含图片。
- 用户可以发送电子邮件。
- 用户可以设定电子邮件在一个特定的时间发送。

场景和 IEEE 830 样式的文档不支持这种渐进式的细节层次。通过它们描述需求的方法，IEEE 830 类文档暗示，如果没有需求语句说明“系统应该……”，那么就是假定“系统不应该……”这使得我们不可能知道这个需求究竟是遗漏了，或者是没有被记录下来。

场景的强大之处在于它的细节。因此，开始编写一个没有细节的场景，然后逐步添加开发人员所需的细节对于场景来说是没有意义的，这完全没有体现场景的实用性。

我们可以编写出采用不同级别渐进式细节的用例来，Cockburn（2001）提出了很好的方法。然而，大多数组织并没有用自由形式的文本来编写用例，而是先定义了一个标准模板。然后组织要求所有用例必须符合模板要求。当许多人被迫填写模板表格上的每个项时，这就成了一个问题。Fowler（1997）将此举称为“完美主义”。在实践中，很少有组织能够同时在概要层面和详细层面编写用例。用户故事可以很好地适用于完美主义者，因为迄今为止，没有人为每个故事提出一个字段模板。

故事鼓励推迟细节

用户故事还有一个优点，就是鼓励团队推迟收集细节。我们可以编写一个初始的用于占位的目标级别的故事（“招聘人员可以发布新的工作机会”），当这个故事在后续变得重要时，可以用更多的细节描述来替换这个简单的描述。

这使得用户故事完美适用于有时间限制的项目。一个团队可以迅速写出几十个故事，让他们对整个系统有一个全面的概念。然后，他们可以深入探讨几个将要实现的故事的细节，并且开始编码实现，这比那些不得不先完成 IEEE 830 样式软件需求规格的团队进展更快。

故事支持随机应变的开发

我们相信，我们可以写下系统的所有需求，然后以自上而下的方式思考解决方案。大约在 20 年前，Parnas and Clements（1986）就告诉我们，我们将永远看不到这样的项目，因为有下面几个原因。

- 用户和客户通常不知道自己想要什么。
- 即使软件开发人员知道所有的需求，他们开发软件所需的许多细节也只有在开发系统时才会变得清晰。
- 即使所有细节都能预先知道，人们也无法理解这么多的细节。
- 即使我们能够理解所有的细节，产品和项目也会经常发生变化。
- 人人都会犯错。

如果没有能力严格地自上而下构建软件，那么我们该怎样做呢？Guindon（1990）研究了软件开发人员是如何思考问题的。她邀请一组软件开发人员，让他们设计一个电梯控制系统。然后，她拍摄并观察了开发人员解决问题的过程。她发现开发人员并没有遵循自上而下的方法。更确切地说，开发人员采用了一种随机应变的方法，他们在思考需求时不断地创造和讨论使用场景，在不同的层面进行抽象设计。当开发人员察觉到有机会从改变自己的想法中获益时，他们很乐意这样做。

故事承认并解决了 Parnas 和 Clements 提出的问题。用户故事十分重视口头对话沟通，很容易在不同层级上编写和重写细节，所以用户故事提供了如下解决方案。

- 不依赖于用户先完全了解和沟通他们的确切需求。
- 不依赖于开发人员能够完全理解大量的细节。

- 拥抱变化。

因此，用户故事承认软件必须是以随机应变的方式进行开发的。由于从高层级的需求到代码不可能有严格的线性路径，用户故事很容易让团队在高层级和低层级之间切换进行需求的思考和讨论。

用户故事鼓励参与式设计

故事和场景一样，都很有吸引力。将谈论的焦点从系统的属性转移到关于用户使用该系统目标的故事，会使关于该系统的讨论更有趣。许多项目由于缺乏用户参与而失败；故事很容易吸引用户参与设计软件。

在参与式设计中（Kuhn and Muller，1993；Schuler and Namioka，1993），系统的用户成为团队设计软件行为的“队友”。他们不是因为管理层的指令成为团队的一员（“你们应该组成一个包括用户的跨职能团队”）；相反，而是因为他们如此热衷于所使用的需求和设计的技巧。例如，在参与式设计中，用户从一开始就协助设计用户界面的原型。而不是只有在最初原型可供观看后，他们才参与进来。

与参与式设计相对立的是体验式设计，其间新软件的设计者通过研究未来用户和软件的使用情况做出决定。体验式设计在很大程度上依赖于访谈和观察，但用户不会成为软件设计的真正参与者。

由于用户故事和场景完全没有技术术语，因此用户和客户完全可以理解它们。尽管写得好的用例可能会避免技术术语，但用例的读者通常必须学习如何解释用例的格式。很少有刚看到用例的人一下子就能理解用例表单（如扩展、前置条件和保证）的常见字段。典型的 IEEE 830 文件既包含了技术术语，又非常冗长累赘，这进一步加大了理解的难度。

相对而言，故事和场景有更好的可访问性，鼓励用户成为软件设计的参与者。此外，随着用户学习了如何使用故事描述需求对开发人员直接有用，开发人员能够更积极地与用户互动。这个良性循环使所有开发人员或者使用软件的每个人都受益匪浅。

故事增强隐性知识

由于强调面对面的沟通，所以故事促进了团队中隐性知识的积累。开发人员和客户之间的沟通越多，团队内部的知识增强越多。

用户故事的不足

探讨了用户故事是敏捷需求首选方法的许多原因后，我们还要讨论一下它们的不足。

用户故事的一个问题是，在一个有很多故事的大型项目中，可能很难理清故事之间的关系。我们可以通过使用角色来归集故事，并不要及早过于细化故事，可以等到团队开发这些故事时再开始细化。用例具有内在的层次结构，有助于处理大量需求。一个单一的用例，通过主要的成功场景和扩展，可以将许多用户故事收集到一个实体中。

用户故事的第二个问题是，如果开发过程需要可追踪性，可能需要增加额外的文档。幸运的是，这通常可以以非常轻量级的方式完成。例如，在一个项目中，通过 ISO 9001 认证的大型公司采用分包开发，他们需要呈现从需求到测试的可追溯性。我们以非常轻松的方式实现了这一点：在每次迭代开始时，我们制作了一个文档，其中包含我们计划在迭代中执行的每个故事。随着测试的不断出现，我们把测试名称添加到该文档中。在迭代过程中，我们通过添加或者删除，移入或者移出迭代的故事来保持文档的更新。这个额外的过程我们大概每个月只花一个小时来完成。

最后，虽然故事在增强团队内部隐性知识方面很出色，但对于极其庞大的团队，它们可能无法很好地扩展使用。一些大型团队的沟通必须记录下来，否则信息在团队中得不到充分的共享和传播。但是，我们要在两种情况间取得平衡：很多人都知道一点点信息（通过低带宽的书面文档）；或者一小群人知道非常多信息（通过高带宽的面对面对话）。

小结

- 用户故事促使人们重视口头沟通。与完全依赖书面文档的其他需求方法不同，用户故事认为开发人员和用户之间的对话具有重要的价值。
- 口头沟通的转变提供了快速的反馈周期，可以进一步加强对需求的理解。
- 开发人员和用户都可以理解用户故事。IEEE 830 软件需求规格往往充斥着太多的技术术语或者商业术语。
- 用户故事的范围通常比用例和场景的小，但比 IEEE 830 文档大，这个大小适合用来做计划。计划、编码和测试可以在用户故事没有进一步合并或者拆分的情况下就能完成。
- 用户故事适合迭代开发，因为很容易从一个史诗故事开始，以后在需要时再进一步拆分成多个较小的用户故事。

- 用户故事鼓励推迟细节。可以迅速写出独立的用户故事，写不同大小的故事也非常容易。不太重要的领域或者最初不会开发的领域可以先写成史诗，而其他故事则包含有更多的细节。
- 故事鼓励随机应变的开发。随着不断发现机会，团队的焦点能够随时在高层级和低层级细节之间进行切换。
- 故事提升了团队中隐性知识的水平。
- 用户故事鼓励参与式设计，而不是体验式设计，用户在设计软件行为时变得活跃，成为有价值的参与者。
- 虽然使用故事有很多理由，但它们确实有一些不足：在大型项目中，难以组织好成百上千个故事；可能需要增加额外的文件以实现可追溯性；尽管通过面对面的沟通能够增强隐性知识，但在大型项目中，对话难以实现有效的扩展来完全代替书面文档。

开发人员的责任

- 开发人员有责任了解选择任何方法的原因。如果项目团队决定编写用户故事，有责任了解为什么要使用。
- 开发人员有责任了解其他需求方法的优点，或者了解何时其中的哪种可能适用。例如，如果你正在与客户合作并且无法了解某项特性，那么或许讨论交互设计场景或者开发一个用例可能会有所帮助。

客户的责任

- 与其他需求方法相比，用户故事的最大优势之一是鼓励参与式设计。客户有责任积极参与设计自己的软件。

思考练习题

13.1 使用用户故事描述需求有哪 4 个好的理由？

13.2 列举使用用户故事的两个不足。

13.3 参与式设计和体验式设计有哪些关键区别？

13.4 “所有多页报表应该编号”这个需求语句有什么问题？

第 14 章

用户故事的不良“气味”

本章将介绍用户故事一些不良的“气味”（smell），这些气味往往暗示着项目在使用用户故事的过程中出现了问题。我们将描述每种不良气味，并针对性地给出一种或者多种解决方案。

故事太小

症状：经常修改估算值。

讨论：通常，故事太小会在故事估算和计划安排时引发问题。发生这种情况是因为，随着故事实现顺序的变化，分配给小故事的估算值可能会相应地发生明显的变化。例如，考虑如下两个小故事。

- 搜索结果可能被保存为 XML 文件。
- 搜索结果可能被保存为 HTML 文件。

这两个故事显然有很多重叠的工作。如果实现了其中一个故事，那么花费在另一个故事上的时间将会很少。在做计划的时候，这样的故事应该合并成一个组合故事。如果把这个组合故事放入一次迭代中，那么组合故事可以被拆分成两个故事；但是，只要没有必要，最好不要拆分这个组合故事。

故事相互依赖

症状：由于故事之间相互依赖，所以很难计划迭代。

讨论：当两个或者两个以上的故事相互依赖时，很难将其中的各个故事分别计划放入迭代。团队发现自己处于一种情况，如果在某次迭代中放入一个故事，那么和这个故事相互依赖的其他故事可能只能添加到同一次迭代中。这是因为故事要么太小，要么是拆分不当。

如果怀疑是故事太小，那么简单的解决办法就是把相互依赖的故事合并到一起。相反，如果这些故事的尺寸是出于某种原因而认为大小合适的话，那么就看看这些相互依赖的故事拆分的是否合理。第 7 章提出了将故事拆分为包括应用程序各层功能而形成“整片蛋糕”的建议。

镀金

症状：开发人员向迭代中添加了计划外的特性，实现的特性超出了客户的实际需要。

讨论：镀金是指开发人员添加了不必要的特性。一些开发人员倾向于增加不必要的功能或者超越满足客户的需求。这可能有几个原因。首先，一些开发人员喜欢使客户“惊叹”，但是敏捷软件团队客户的参与度往往很高。如果客户每天都参与其中，就很难给客户带来惊喜。

其次，在进行故事驱动的，短迭代周期的敏捷项目时，开发人员通常会感到压力很大。镀金让他们有一个短暂的机会逃避这种压力。毕竟，如果这个镀金的特性无法及时完成，也就不会有人知道它已经开始开发了。

最后，开发人员喜欢在项目中加入自己的印记，添加一些“宠物功能”，这是他们实现此目的的一种方式。

一个镀金的例子

我参与过一个项目，项目中有一个故事，需要把一个非常拥挤的界面重写成基于标签的对话框，以提高界面的可用性。开发人员完成这个修改后，他把底层标签的代码做了优化，增加了一个新功能：可以从当前位置脱离标签，并在界面上任意移动。这不是客户要求的功能。开发人员需要始终关注客户优先考虑的故事。如果开发人员有一个好想法的新故事，她应该向客户建议，在客户同意后，再把该想法放入下一次迭代中。

如果一个项目中的开发人员正在开发大量的镀金功能，则可以通过可视化每个人正在处理的任务来杜绝。例如，每天召开简短的会议，每个人都要说明他或她在做什么工作。每个开发人员在团队中的工作可视化后，他们将会自我监督，反对镀金。

与此类似，在迭代结束的评审会议中，所有的新功能都被详细地展示给客户和其他涉众，这将有助于识别在迭代过程中发生的镀金。尽管在这次迭代过程中纠正它为时已晚，但是团队会进一步意识到镀金的问题，从而避免在将来的迭代中再次发生。

最后，如果项目有 QA 组织，他们也可以帮助识别镀金，特别是如果他们参与过程序员和客户之间的对话。

细节过多

症状：在实现一个故事之前，花费太多的时间去收集细节。或者，在编写故事上花了更多的时间，而在讨论故事的时候花的时间很少。

讨论：在记录卡上写故事的好处之一就是记录页面非常有限。要在一张小记录卡上写上大量的细节是很难的。如果一个故事中包含太多的细节，往往意味着团队过于重视文档而忽视了口头对话沟通。

Tom Poppendieck（2003）观察发现："如果总是把卡片写满，下一次请使用更小的卡片。"这是一个好主意，因为它迫使故事作者有意识地在故事中减少过多的细节。

过早包含用户界面细节

症状：在项目早期编写的故事（特别是开发新产品的项目），其中已经包括用户界面的细节。

讨论：在项目的某个时候，团队肯定会用非常直接的假设（甚至直接的知识）来描述用户界面。例如，"求职者可以从职位描述页面查看招聘公司的信息。"但是，应该尽量避免用这样的细节来编写故事。

在项目的早期阶段，你不知道将来会有一个"职位描述"页面，因此尽量避免编写关于这个页面的故事，否则可能会限制项目。而应该编写这样一个故事"在查看职位的详细信息时，求职者可能会查看有关招聘公司的信息"。

想得太远

症状：这种气味有几种表现，一张记录卡不够写下一个故事；不是出于团队规模或者地理位置的考虑，希望用软件而不是用卡片来记录故事；有人提出用故事模板来捕获故事所需的所有细节；或者可能建议以更精确的方式给出估算值（例如，细化到小时而不是以天为单位）。

讨论：这些气味在项目前期习惯进行大规模“需求工程”的团队中特别常见。为了让团队克服这种气味，他们需要一个进修学习用户故事优点的课程。使用用户故事的前提基础是，承认不可能事先确定所有需求。通过反复迭代，发现越来越多的需求细节并添加到软件中，从而实现交付好的软件系统。用户故事很适合这种方法，因为在故事的后续版本中可以很容易地添加细节。团队需要提醒自己，正是因为在之前开发的过程中出现了种种问题，才会导致团队采用用户故事方法。

故事拆分太频繁

症状：为了确保迭代的工作量准确合适，在迭代计划时频繁地拆分故事。

讨论：当开发人员和客户选择要进入迭代的故事时，有时需要将一个故事拆分成两个或者两个以上的组件故事。通常情况下，一个故事需要在计划中进行拆分，原因有两个。

1. 这个故事太大了，不适合进入迭代。
2. 这个故事包含高优先级和低优先级的子故事，而客户只希望在接下来的迭代中完成高优先级的子故事。

这不是问题。考虑到迭代的长度，团队的历史速率，许多项目和团队都会将一个故事进行拆分。然而，当团队发现自己频繁拆分故事时，这个气味就开始出现了。

如果感觉拆分故事过于频繁，就遍历剩下的故事，找出真正应该拆分的故事。

客户很难对故事排列优先级

症状：通常情况下，在故事中进行选择和优先级排序并不容易；但有时对故事进行优先级排序相当困难，以至于这可以视为一种气味。

讨论：如果客户在确定故事优先级时遇到了困难，首先要考虑故事的大小。如果故事太大，可能难以确定优先级顺序。假设在极端情况下，BigMoneyJobs 网站只包括以下三个故事。

- 求职者可以搜索职位。
- 公司可以发布空缺职位。
- 招聘人员可以搜索申请者。

可怜的客户只能在上面这几个故事中进行优先级排序！她的反应可能是“但是我能不能只要这个故事的一点，或者那个故事的一点？”在这种情况下，扔掉当前的故事，并用较小的一些故事替换它们，让客户可以在较小的故事中选择她想要的。

另外，如果故事没有表达出业务价值，那么可能对故事进行优先级排序也比较困难。例如，假设客户提出了如下两个故事。

- 用户通过连接池连接到数据库。
- 用户可以查看日志文件中的详细错误信息。

对这样的故事进行优先级排序对客户来说可能非常困难，因为每个故事的业务价值都不明确。这些故事应该重写，以便客户明白每一个故事的价值。如何重写每一个故事取决于客户的技术知识，这就是最好让客户自己编写故事的原因。例如，可以把前面的故事写成下面修改后的版本。

- 用户在启动应用程序时，感觉不到明显的连接到数据库时所产生的延迟。
- 每当发生错误时，用户都会获得足够的信息来了解如何纠正错误。

客户不愿意写故事并对故事进行优先级排序

症状：项目中的客户不愿意接受写故事或者排列优先级顺序的责任。

讨论：在一个指责氛围浓厚的组织中，总有一些人认为他们的最佳处事方法就是避免所有责任。如果某人对某件事不负责任，那么当某件事失败时就不能指责某人，更有甚者，即使是获得成功，也会有人去指责其中的不足之处。处在这种组织文化中的个人不会想做任何艰难的决定，比如对功能进行优先级排序，从发布中加入或者移出功能。他们会说：“你在截止日期前不能完成所有任务，这不是我的问题，你应该想办法自己解决。”

我在这些情况下找到的最佳解决方案是，找到让客户摆脱这种困境的方法。我找到一种没有任何威胁的方式提供给客户，让客户用这种方式来表达自己的意见。取决于个体情况，这可能需要私下沟通。如果我正在与多个客户合作，我会告诉他们每个人，我都在收集他们的意见，但是我是最终决定的负责人，尤其是证明他们所说的有问题时。

小结

在这一章中，我们学习了解了以下不良气味。

- 故事太小。
- 故事相互依赖。
- 镀金。
- 给故事添加太多细节。
- 过早地包含用户界面细节。
- 想得太远。
- 故事拆分得太多。
- 很难对故事进行优先级排序。
- 客户不愿意写故事并对故事进行优先级排序。

开发人员的责任

- 开发人员与客户双方都有责任警惕这些气味以及能检测到的其他气味，然后努力纠正这些气味对项目造成的任何影响。

客户的责任

- 客户与开发人员双方都有责任警惕这些气味以及能检测到的其他气味，然后努力纠正这些气味对项目造成的任何影响。

思考练习题

14.1 如果团队一直难以计划下一次迭代，怎么办？

14.2 如果团队觉得故事卡太小以至于写不下用户故事，应该怎么办？

14.3 什么原因可能导致客户难以对故事进行优先级排序？

14.4 怎么判断是否拆分了太多的故事？

第 15 章

在 Scrum 项目中使用用户故事

用户故事起源于极限编程。自然，故事与极限编程的其他实践完美匹配。然而，用户故事作为一种需求方法，也适用于其他的软件过程。

在本章中，我们将着眼于另一个敏捷方法 Scrum[①]，并介绍如何将用户故事与 Scrum 结合，成为 Scrum 方法的重要组成部分。Scrum 术语在本章中第一次出现时，将使用楷体标识。

Scrum 是迭代式和增量式的

与极限编程类似，Scrum 既是一次迭代过程，也是一个增量过程。由于这些词语如此频繁地使用而没有定义，我们将来定义它们。

迭代过程就是通过持续改进而取得进展的一个过程。一个开发团队首先完成系统的一部分，团队知道它在某些（可能很多）地方是不完整或者薄弱的。然后他们迭代地改进这些地方直到产品令人满意。每次迭代都会通过增加更多细节来改进软件。例如，在第一次迭代中，搜索界面可能仅编码实现了支持最简单的搜索类型。第二次迭代可能会添加额外的搜索条件。最后，第三次迭代可能会添加错误处理功能。

---

① 中文版编注：有关 Scrum 的完整介绍，请参阅另外几本书《Scrum 精髓》《Scrum 敏捷软件开发》《Scrum 实战指南》《Scrum 捷径》。

一个很好的比喻是雕刻。首先，雕刻家选择一个适当大小的石头。接下来，雕塑家在石头上雕刻出大致的形状。此时，人们可以区分出头部和躯干，并辨别出将要完成的雕刻是个人体，而不是鸟。接下来，雕塑家会通过添加细节来改进作品。然而，只有雕塑家在完成整个作品之后才可以认为所有部分都已经完成。

增量过程就是软件以系统的每一部分进行构建和交付。每一部分或者增量代表一个完整的功能子集。增量可以是小的也可以是大的，小到系统登录界面，大到高度灵活的一组数据管理界面。每个增量都完整进行编码开发和测试交付，并且每一次迭代的工作不需要重新返工。

采用增量式工作的雕塑家会选择她作品的一部分，并完全专注于这部分，直到完成。她可以选择小增量（首先是鼻子，然后是眼睛，然后是嘴巴等等）或者大增量（头部、躯干、腿部和手臂）。但是，无论增量大小如何，雕塑家都会尝试尽可能完成该增量部分的工作。

Scrum 和极限编程都是增量式和迭代式的。它们是迭代式的，会在随后的迭代中计划改进之前迭代的工作。它们是增量式的，会贯穿在整个项目中进行持续的增量交付。

Scrum 基础

Scrum 项目往往采用 30 天为周期的迭代，称为“冲刺”（Sprint）。[①]在每个 Sprint 的开始阶段，团队需要确定 Sprint 中完成的工作量。团队从“产品待办列表”（Product Backlog）中选择工作。团队决心可以在 Sprint 期间完成的工作被转移到一个“Sprint 待办列表”（Sprint Backlog）中。每天召开一次简短的会议“每日 Scrum 站会”（daily Scrum），允许团队检查进展，并根据需要进行调整。Scrum 如图 15.1 所示，改编自施瓦伯（Ken Schwaber）的网站 www.controlchaos.com。

① 译者注：在 Scrum 中，一般建议 Sprint 周期为 1 周~4 周，可以根据实际情况选取合适的 Sprint 周期长度。

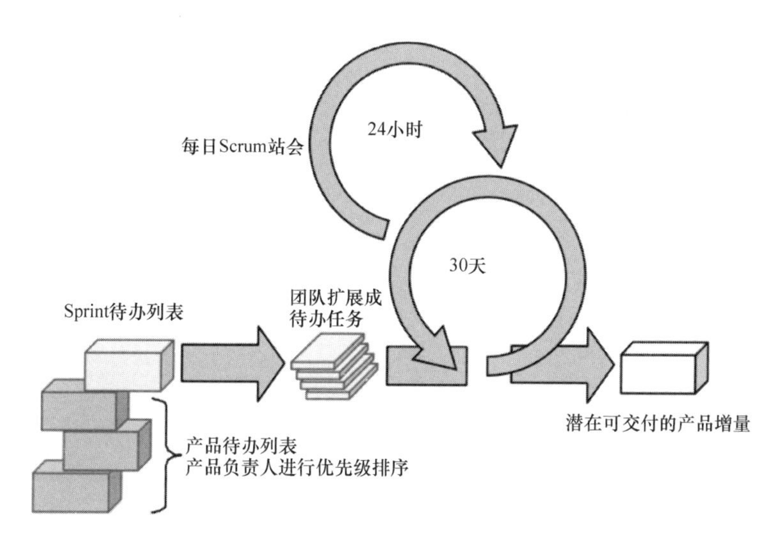

图 15.1　Scrum 过程

Scrum 团队

Scrum 团队通常由 4~7 个开发人员组成。虽然 Scrum 团队可能涉及到专家开发人员、测试人员和数据库管理员，但是 Scrum 团队秉持“我们在一起”的心态。如果要进行测试，但是没有专门的测试人员可用，那么就会有其他人进行测试。所有的工作都属于集体所有。Scrum 团队是自组织的。也就是说，没有管理指令说明 Mary 执行编码和 Bill 执行测试。正因为如此，Scrum 团队中通常不会使用程序员、架构师和测试人员等角色。团队根据实际情况，自主决定如何完成剩下的工作。

Scrum 核心团队有两个关键角色：“产品负责人”（product owner）和 ScrumMaster。Scrum 中产品负责人角色本质上等同于极限编程中的客户角色。产品负责人主要负责将功能的需求条目放置到产品待办列表中，并进行优先级排序。ScrumMaster 与项目经理类似，只是他的角色不是管理者，更像是一个领导者。由于 Scrum 团队是自组织的，并且在如何完成 Sprint 的工作上有很大的灵活性，所以项目的 ScrumMaster 不是指手画脚，而是服务于团队。ScrumMaster 通常为团队提供服务，消除阻碍进展的障碍，并帮助团队遵循 Scrum 的几个简单规则。

产品待办列表

产品待办列表是产品中所有需要实现的功能条目列表。当项目启动时，一般不需要投入所有的精力写出所有的功能。通常情况下，产品负责人和团队会把显而易见的功能条目写出来，这对于第一次 Sprint 来说，几乎不可能全部完成。随着对产品及其客户的了解越来越多，产品待办列表会增加新的功能条目，原有的功能条目可能也会改变。

如表 15.1 所示，这是一个真实项目的产品待办列表示例。从这个表中可以看到，待办列表条目可以是技术类的任务（“重构 Login 类，让它抛出异常”）或者面向用户的任务（“允许在安装界面上取消安装”）。

产品负责人负责对产品待办列表进行优先级排序。更好的是，产品负责人可以（实际上是被鼓励）每个月根据优先级的变化对产品待办列表中的所有条目进行重新检视和排序。

表 15.1　一个产品待办列表示例

编号	描述
1	完成数据库版本化
2	从数据库中删掉不必要的 Java 代码
3	重构 Login 类，让它抛出异常
4	支持并发用户授权
5	支持评估授权
6	在搜索时支持通配符
7	可以保存用户设置
8	可以在安装界面取消安装

Sprint 计划会议

在每个 Sprint 的开始会举行 Sprint 计划会议。会议通常持续一整天[①]，会议的参加者包括产品负责人、ScrumMaster 和整个开发团队。其他的管理人员或者客户代表如果感兴趣，也可以参加。

在 Sprint 计划会议的前半部分，产品负责人会把待开发实现的高优先级的待办列表条目描述给开发团队。在会议的后半部分，团队尽可能提出疑问，并确定哪些条目将从产品待办列表转移到 Sprint 待办列表中。

产品负责人没必要描述产品待办列表中的每一个条目。根据产品待办列表中条目的多少和团队的速率（一个 Sprint 中团队完成的工作量），可以只描述产品待办列表中高优先

① 译者注：Scrum 中，一般团队根据 Sprint 周期的长度来定义 Sprint 计划会议的时间盒长度。

级的条目。较低优先级的条目可以放入下一个 Sprint 计划会议中进行讨论。如果团队发现继续增加的条目工作量已经超过了团队一个 Sprint 能够完成的总量，Scrum 团队会立刻建议产品负责人停止。

团队和产品负责人共同定义整体的 Sprint 目标，Sprint 目标通常是一个 Sprint 中，团队要完成的所有工作的概要描述。在 Sprint 结束时召开的 Sprint 评审会议上，团队将根据 Sprint 目标来评估他们是否成功，而不是针对在产品待办列表中选择的每个特定条目。

在 Sprint 计划会议的后半部分，团队将单独会面讨论他们所听到的产品待办列表条目，并决定在即将开始的 Sprint 中他们能承诺完成多少。虽然从理论上说，团队应该从产品待办事列表中顶部优先级最高的条目开始，并在他们认为可以完成的高优先级条目的后面绘制一条线。但是在实践中，我看到一个团队选择了前面高优先级的 5 个条目，然后选择了列表中较低优先级的 2 个条目（与最初的 5 个条目相关联），这是很正常的。在某些情况下，团队会与产品负责人进行协商，但最终总由团队决定他们可以承诺完成多少工作。

Scrum 的主要规则

在每个 Sprint 开始时举行 Sprint 计划会议。

每个 Sprint 都必须交付可工作的和经过充分测试的代码，这些代码向最终用户或者客户提供了价值。

产品负责人负责对产品待办列表进行优先级排序。

团队集体选择引入 Sprint 的工作量。

一旦一个 Sprint 开始，只有团队可以增加 Sprint 待办列表。

产品待办列表可以在任何时候添加新条目或者重新检视排序。

每天都会举行每日 Scrum 站会。每个项目参与者需要回答:你昨天做了什么？你今天要做什么？你的工作有什么障碍？只有在 Sprint 中活跃的参与者可以在每日 scrum 站会上发言。对项目感兴趣的观察者或者利益相关者都不能发言。

Sprint 评审会议上演示 Sprint 结束时的工作结果。

在 Sprint 评审会议中演示可工作的软件。不允许展示幻灯片。

Sprint 评审会议的准备工作不要超过两个小时。

一旦 Sprint 开始，只有团队可以向 Sprint 中添加工作。即使是首席执行官也不能要求团队做产品负责人没有提出的工作。销售人员也不能为特殊客户要求提供更多的功能。产品负责人也不能改变自己的想法，要求团队实现 Sprint 计划外的其他功能。如果团队发现自己可能提前完成 Sprint 计划中的工作，那么根据剩余时间的长短，团队可以询问产品负责人，要求帮助确定一两条附加的条目。

团队对 Sprint 中选定的工作承诺完成交付，组织也需要对团队做出承诺，即在 Sprint 期间不会更改 Sprint 的内容。如果发生了重大的事情，以致组织认为它需要改变 Sprint，那么当前的 Sprint 会被中止，重新从 Sprint 计划会议开始，启动另一个新的 Sprint。

团队从产品待办列表中选择条目后，他们将把条目扩展成更多任务，从而形成 Sprint 待办列表。产品待办列表中的每个条目都可以扩展出 Sprint 待办列表中的一个或者多个任务条目，从而使团队能够更有效地共同分担工作。

Sprint 评审会议

每次 Sprint 都需要交付潜在的产品增量。这意味着在每次 Sprint 结束时，团队已经产出了一个编码完成，通过测试可用的软件增量。如果包含了足够多的新功能，组织可以选择将软件交付给客户（或者在内部使用），以证明升级部署新版本的开销是合理的。例如，商业软件分销商可能不会选择每个月发布一个新版本，因为这可能会导致客户升级麻烦。但是，对于 Scrum，开发人员每个月都需要产出一个潜在的可交付版本。

在每次 Sprint 结束时，将举行 Sprint 评审会议。在评审会议上，团队展示他们在 Sprint 中完成的成果。通常是演示新特性。

通常禁止使用 PowerPoint 幻灯片，并允许会议准备时间不超过两个小时，旨在有意保持 Sprint 评审会议的非正式会议性质。不要让团队感觉到 Sprint 评审会议是一种干扰或者负担，相反，它应该是 Sprint 自然而然的结果。

整个团队以及产品负责人和 ScrumMaster 都要参加 Sprint 评审会议。其他对项目感兴趣的人（如管理人员、客户或者来自其他项目的工程师）也可以参加 Sprint 评审会议。

在 Sprint 评审会议期间，大家将对先前在 Sprint 计划会议期间确定的 Sprint 目标进行评估。理想情况下，团队应该完成 Sprint 中计划的每个条目，但更重要的是要达成 Sprint 的总体目标。

每日 Scrum 站会

Scrum 可能是第一个把简短的日常会议文档化的敏捷过程（Beedle 1999），这个简短的日常会议在 Scrum 中称为“每日 Scrum 站会”。然而，这个想法很快就扩展应用到许多其他的敏捷过程，如极限编程和特性驱动开发（FDD）。只要有可能，我们就会选择最省时和最不干扰的方法来收集和共享项目信息。每日 Scrum 站会实现了这个目标。

在所有团队成员到齐之后开始工作之前，每天，每日 Scrum 站会尽可能早地举行。通常是 9 点或者 9 点半。团队中的每个人都需要参加，包括程序员、测试人员、产品负责人和 ScrumMaster。会议时间很短：通常是 15 分钟或更短，最长不超过 30 分钟。为了保持会议时间的简短，一些团队要求参加者站着开会。

在每日 Scrum 站会上，每个团队成员回答以下三个问题。

1. 你昨天做了什么？
2. 你今天要做什么？
3. 你的工作有什么障碍？

每日 Scrum 站会中，所有会议参加者不是向 ScrumMaster 汇报工作。会议的目标之一是让每位开发人员在同事面前做出承诺。承诺不是面向经理或者公司，而是团队成员之间的承诺。

每日 Scrum 站会中，应该尽可能回答上述三个问题，不要进行讨论类似放弃设计系统某些部分或者解决提出的问题。这些问题在会议期间记录下来，在每日 Scrum 站会之后进行解决。确定团队中某些成员将要解决这些问题是可以的，但不能在每日 Scrum 站会期间解决问题。例如，假设有人问我们是否应该开始使用我们供应商应用服务器最近发布的版本 5.0。在这种情况下，我们同意在每日 Scrum 站会之后，将组织另一次会议，有如下人员参加。

- 技术架构师，他可以评估使用新应用程序服务器的技术影响。
- 来自市场营销部门的产品负责人，他将决定我们的客户是否需要部署旧的或者新的应用程序服务器。
- 测试团队的代表，可以评估对测试团队的影响。

作为会议组织者，ScrumMaster 在现场并确保会议聚焦在三个问题上，并以轻快的节奏进行。产品负责人也出席，因为她也要像其他人一样报告。例如：我昨天写完了对故事“把书添加到购物车”的测试，我今天要做一些市场调查，看看我们应该接受哪些信用卡。今天结束前，我应该能够完成这个任务。

举行每日 Scrum 站会的好处是，它们可以作为一个随机检查点。高级管理人员或者任何对项目状态感兴趣的人都可以参加。会议每天在同一天的同一时间召开，所有有兴趣的人都可以参加，因此很多繁重的会议，例如每月的项目评估会议，就变得没有必要了。然而，如果团队外的成员被邀请到会议中，一定要遵守一个规则，只有项目组内的人可以在会议期间提出问题。所以，大老板可以参加并倾听会议内容。然而，她不能在会议上提任何问题，因为这样会干扰会议。

每日 Scrum 站会为团队中的每个人提供了一个快速的“每日快照”，这样每个成员都可以了解项目的进展情况，因此团队可以重新检视调整当前的任务安排。例如，假设 Randy 报告说，他正在做的故事比他预期的多了更长的时间，而 Andrew 报告说他的进度比计划提前了很多。在这种情况下，Andrew 花一天时间和 Randy 在一起，共同分担 Randy 的任务，或者让 Andrew 直接承担一些 Randy 的任务，也许是合适的。

ScrumMaster 在每日 Scrum 站会中必须把握好分寸。她需要保持会议轻快的节奏，但不能让大家感觉好像会议是为了她一个人而召开的。一个永远不应该问的问题是：“对于故事‘订购一本书’你还需要多少时间能完成？”这些信息非常重要，但是如果在每日 Scrum 站会中提出这个问题，会议就会变成大家讨论估算和数字。与每日 Scrum 站会不同，我让团队在公共白板上更新他们的估算，如果大家不在一起，就在软件中更新估算。

在 Scrum 项目中加入用户故事

在介绍完 Scrum 基本框架后，我们接下来看一下如何将 Scrum 与用户故事相结合，来完善 Scrum。

用户故事和产品待办列表

我以用户故事的形式成功的描述了 Scrum 待办列表条目（Cohn 2003）。产品待办列表中的条目不再分成新特性、待研究的问题、需要修复的缺陷等等，所有的条目都使用用户故事的方式来描述。产品待办列表中的每个故事都必须对用户或者产品负责人有价值。

通过限制产品待办列表仅使用用户故事，产品负责人可以更容易地对待办列表进行优先级排序。产品负责人了解待办列表中的条目，就很容易在不同的特性中进行权衡取舍。

与极限编程一样，在 Scrum 项目中，产品负责人不需要预先明确所有的需求。但是，从一开始就尽量多记下需求通常是有好处的。Scrum 没有规定，甚至没有建议的方法来初始化形成产品待办列表。通常情况下，在产品负责人、ScrumMaster 和一个或者多个开发人员之间的讨论中产生产品待办列表。但是，我发现，通过首先识别用户角色，然后收集每个用户角色的用户故事，在 Scrum 项目中十分有效。

Sprint 计划会议中使用用户故事

在 Sprint 计划会议期间，产品负责人和团队首先讨论产品待办列表中优先级最高的条目。

接着团队确定并承诺他们将在 Sprint 中需要完成的条目。然后，他们将这些条目拆分成更小的任务，这样开发人员就可以在 Sprint 中认领任务。

由于每个产品待办列表条目都使用用户故事来描述，所以每一个条目都要向客户交付价值。因此，我发现 Sprint 计划会议变得更容易，而且比团队必须解释技术驱动的待办条目（比如“重构 login 类，让它抛出异常”等）要快很多。

用户故事也很适合 Sprint 计划，因为正如我们在第 10 章中所看到的，用户故事很容易拆分成任务。

Sprint 评审会议中使用用户故事

在 Sprint 评审会议期间，使用用户故事对 Scrum 具有很多好处，因为用户故事简化了对 Sprint 中已经完成内容的评估。在 Scrum 项目中，使用随机的技术任务、需求、问题和缺陷修复作为产品待办列表条目，团队很难演示这些条目。当整个产品待办列表条目是由用户故事来描述的，通常更容易演示。

用户故事和每日 Scrum 站会

用户故事对每日 Scrum 站会的好处是，有助于团队始终聚焦于客户和最终用户的需求上。因为在 Sprint 之前没有前期需求或者分析阶段，Sprint 开始时团队只是对将要构建的内容有了部分的了解。团队可能知道他们正在计划添加一个搜索界面，但他们可能不知道哪些字段将被搜索，搜索条件如何组合，等等。用户故事的用处在于，它们给团队提示了正在开发内容背后的意图。在 Sprint 中，团队可以使用用户故事（以及与产品负责人正在进行的关于用户故事的讨论）来确定他们是否已经做了足够多的工作，或者做得过多了。

案例学习

以我参与的一个项目为例，介绍一下如何在 Scrum 中使用用户故事。为了方便起见，我们姑且称该公司为 Cosmodemonic Biotech，这是一家为生命科学行业提供软件的小型开放式交易开发商。Cosmodemonic Biotech 刚刚完成为期 9 个月的研发工作，面向人类遗传学领域推出了新产品。就在公司刚刚发布最初的测试版网站后不久，该公司宣布它被另一家公司收购了。

收购公司对新产品的客户很感兴趣。但是，他们认为软件需要重写，原因如下。

- 原来产品使用的客户端技术（HTML）与新公司的技术战略不匹配。
- 产品的目标市场从拥有超大型的几个 TB 数据库的大型制药公司，转变为小型的学术研究实验室和生物技术公司。
- 大部分的原始代码，设计实现较差。

原来的产品在 9 个月的时间里以非常严格的瀑布方式进行开发，其中团队开发人员多达 100 人。新产品需要提供基本相同的功能，但团队人数不会超过 7 个。

为了达到这个目的，我们使用了本章所描述的结合用户故事的 Scrum 方法。通过所有举措，该项目取得了成功。Scrum 团队花 12 个月的时间完成了瀑布团队 9 个月完成的任务。但是，由于 Scrum 团队从未超过 7 人，包括产品负责人和 ScrumMaster，完成该项目花费了 54 个人月，而瀑布版本的完成花费了 540 个人月。

不含注释，瀑布团队编写了 58 000 条 Java 代码。Scrum 团队以更少的代码完成了更多的功能，一共编写了 51 000 行代码。这意味着瀑布团队平均生产率是每人月 120 行 Java 代码，而 Scrum 团队是每人月 840 行。两种方式的比较如表 15.2 所示。

表 15.2　同一项目中两种方法使用的比较

	瀑布	使用用户故事的 Scrum
用例页数	3 000	0
故事	0	1 400
日历月	9	12
人月	540	54
Java 代码行数	58 000	51 000
Java 代码行数/人月	120	840

小结

- Scrum 是一次迭代式和增量式的过程。
- Scrum 项目在为期 30 天的一次迭代称为 Sprint。（译者注：在 Scrum 中，一般建议 Sprint 周期为 1 周~4 周，可以根据实际情况选取合适的 Sprint 周期长度。）
- ScrumMaster 与项目经理类似，只是他的角色不是管理者，更像是一个领导者。
- 一个典型的 Scrum 团队包括 4~7 名开发人员。
- 产品待办列表是待开发的特性条目列表，包括还没有在产品中实现的，也包括还没有计划到当前 Sprint 中的条目。
- Sprint 待办列表是团队为当前 Sprint 承诺的任务列表。

- Scrum 中产品负责人的角色与极限编程中的客户角色等同。
- 产品负责人对产品待办列表进行优先级排序。
- 在 Sprint 开始时，团队会选择他们在 Sprint 期间完成的工作范围以及工作量。
- 每天举行简短的每日 Scrum 站会。在这些会议中，每个团队成员都会说明她昨天完成了什么，她今天准备完成什么，以及她遇到了什么障碍。
- 每个 Sprint 都负责产生潜在的可交付的产品增量。
- 在 Sprint 结束时，团队将在 Sprint 评审会议上演示产出的软件。

思考练习题

15.1 描述增量和迭代过程之间的差异。

15.2 产品待办列表和 Sprint 待办列表之间的关系是什么？

15.3 什么是潜在的可交付的产品增量？

15.4 谁负责确定工作的优先级顺序？谁负责在 Sprint 中选择团队的工作？

15.5 在每日 Scrum 站会中，团队成员要回答哪些问题？

第 16 章 其他主题

在本书的之前部分，我们介绍了用户故事的一些主题。我们讨论了用户故事与其他需求方法的不同之处，讨论了为什么用户故事在某些情况下更适用。我们也讨论了使用用户故事过程中一些常见的气味或者问题，以及如何纠正它们。在本章中，我们将讨论如下几个主题：

- 处理非功能性需求
- 团队应该使用纸质卡片还是软件工具
- 用户界面对用户故事的影响
- 在开发完成后，是否应该保留用户故事
- bug 报告和用户故事之间的关系

处理非功能性需求

团队在开始使用用户故事时，一个常见的拦路虎是，团队总觉得每件事都必须转化成用户故事。大多数项目一般都会有一部分需求无法恰当地用用户故事来描述。通常这些都是系统的非功能性需求。

非功能性需求可以满足各种系统需要。以下是一些比较常见的非功能性需求类型：

- 性能
- 准确性
- 可移植性
- 可重用性

- 可维护性
- 互操作性
- 可靠性
- 易用性
- 安全性
- 容量

许多非功能性需求可以视为系统行为的约束。例如，项目中包含诸如“系统应该用 Java 语言写”这样的需求并不少见。这显然是对系统其余部分设计的约束。正如第 7 章所讨论的那样，处理约束最好的办法是在卡片上写下来，并在卡片上注明“约束”字样。在大多数情况下，可以写一个自动化测试（并且至少每天运行一次）确保系统遵守了约束。一些约束无法被实际测试或者不值得测试。约束“系统应该用 Java 语言写”就是这样。当然，肯定有简单的方法来确保满足这个约束。

表 16.1 列出了一些常见约束的示例。除了在卡片上写上约束，如果系统确定要有更多的非功能性需求，则可以采用任何适当的或者传统的形式进行沟通。例如，如果项目采用数据字典来显示系统中所有变量的大小和类型有一些好处，则可以创建一个数据字典。

表 16.1　为各种常见非功能性需求编写的约束示例

方面	约束示例
性能	80%的数据库搜索结果在不到两秒的时间内显示到界面上
准确性	该软件以至少 55%的准确率能够预测出足球比赛的获胜者
可移植性	系统不应使用任何使得移植到 Linux 系统变得困难的技术
可重用性	数据库和数据库访问代码应该可以在日后的应用程序中可重用
可维护性	所有组件都必须有自动化的单元测试 自动化单元测试必须每 24 小时至少完整运行一次
互操作性	系统必须用 Java 语言写 所有配置数据应以 XML 文件存储 数据应存储在 MySQL 数据库中
容量	数据库将能够在特定的硬件上存储 2000 万个成员，同时仍能满足性能目标

纸质还是软件？

比在杂货店被问及“纸包装还是塑料包装？”更常见的问题是，用户故事是应该写在纸质卡片上还是存储在软件系统中。极限编程社区中的许多人主张使用纸质卡片，因为它们简单。极限编程极其重视简单的解决方案，而纸质卡片绝对简单。此外，卡片鼓励互动和讨论。它们可以在计划期间以各种形式放置在桌子上，可以堆放和分类，可以将其带入任何会议中，等等。

另一方面，还有专门用于追踪故事的软件产品（VersionOne[1]，XPlanner[2]，Select Scope Manager[3]）以及可与故事一起使用的通用软件（电子表格、缺陷跟踪软件和维基）。

纸质卡片相对软件的主要优势之一，在于它们的技术含量很低，可以不断提示人们故事是不精确的。当用软件存储故事时，故事可能会呈现成 IEEE 830 样式需求的样子，这样编写出的故事可能会增加额外的、不必要的细节。

典型的纸质卡片只能保存数量有限的文字，这给故事的文本数量一个很自然的上限。而大多数软件都不存在这种限制。另一方面，使用纸质卡片的人通常会在卡片的背面为故事写一些验收测试样例。在很多情况下，卡片的大小可能不适合编写测试用例。

Click Tactics 选择使用软件

Clickstrategy 是一个营销解决方案提供商，他们专门编写可访问网络的软件组件。他们开始时使用的是纸质卡片，但是后来换成了软件，即 VersionOne 的 V1:XP。

Clickstrategy 的高级产品经理 Mark Mosholder 表示，这种转变的一个原因是，他们的销售队伍和上层管理人员分布在多个地点。对于远程利益相关者，他们无法说“去看看白板吧”，所以他们花了很多时间对高级管理人员和其他远程利益相关者同步更新信息。此外，在使用卡片时，他们偶尔会丢失卡片，几周后却在桌子底下的一堆卡片中找到了之前丢失的。

在 VersionOne 软件中保存故事，可以让 Clickstrategy 得以把对极限编程的使用作为销售工具。使用这个软件，他们让一些客户看到有限的迭代信息。然后，他们告诉客户“我们可以在三周内向你提供新功能”，从而提高了他们为客户提供新版本的速率。

Mark Mosholder 说，他们决定使用软件来管理故事没有任何问题，他说他会再次做出同样的选择决定。

贯彻 ISO（国际标准化组织）或者类似认证的项目，要求从需求声明到代码以及测试的可追溯性，因此项目组很可能会使用软件。使用手写的卡片应该有可能达到了 ISO 认证标准，但是把一堆卡片放在合适的位置，又要保证符合变更控制程序，十分烦琐，因此

---

① 参见 www.versionone.net。

② 参见 www.xplanner.org。

③ 参见 www.selectbs.com/products/products/select_scope_manager.htm。

相比卡片的其他优势，这方面就变得无足轻重了。

与此类似，不在同一地点的团队可能更喜欢软件而不是纸质卡片。当一个或者多个开发人员（尤其是客户）在远程异地时，使用纸质卡片就会很困难。

卡片的另一个优点是它们很容易排序，并且可以通过多种方式进行排序。一个故事集合可以归集到高、中、低优先级这几堆中。或者可以用更精确的顺序来排列，第一个故事比第二个优先级更高，第二个优先级高于第三个，以此类推。

使用纸质卡片或者软件都各自有很多虔诚的支持者，我的观点是两种方法都是合适的。我建议先从纸质卡片开始，看看它们是否适用于你的工作环境。然后，如果有一个令人信服的理由来使用软件，那就切换过去。

Diaspar 软件服务公司使用维基

J. B. Rainsberger 是软件开发和咨询公司 Diaspar 的创始人。作为一名顾问，J. B.不能总是与他的客户在一起。在这种情况下，J. B.使用维基来改善他和远程客户之间的沟通。维基是一组特殊的网页，任何人都可以编辑它。J. B.和 Diaspar 使用 FitNesse 作为他们的维基。他们不是为每个故事写一个故事卡，而是为每个故事创建一个新维基页面。

J. B.报告说，在最近的一个小项目上，这种方法效果非常好。当他对一个故事有疑问时，他会在页面上记下这个问题，然后标注“要做的事”（to do）。每周，他的客户会检查几次维基，搜索“要做的事”（to do），然后回答问题。紧急问题通过电话处理；但由于使用维基很高效，令人惊讶的是，几乎没有什么紧急的问题。J. B.在其他项目上使用了纸质卡片，但是在这个项目上，由于远程客户的关系，他没有时间在纸质卡片上和维基上同时记录故事。

虽然 J. B.使用 FitNesse 维基为每个项目编写了可执行的测试，但他指出“假设每个人都在一个房间里，就没有必要把故事写在维基上了。”

用户故事和用户界面

有人认为，敏捷方法在很大程度上忽略了用户界面的设计问题。在某种程度上，这是可以理解的：敏捷过程是高度迭代的，而传统的用户界面设计方法却非常依赖前期的设计。对于具有重大或者重要用户界面的应用程序，了解使用灵活的基于故事的敏捷方法潜在的风险非常重要。

敏捷开发的原则之一，是我们可以迭代地完善一个系统。用户故事允许我们推迟对话，直到开发人员准备实现故事之前。有时候推迟这些对话会导致开发人员对现有应用程序的部分进行轻微返工；但我相信这些轻微返工的成本是值得的，因为不需要讨论那些将来可能会被抛弃的功能需求，这不仅可以节省时间，同时还使得客户可以通过许多小的阶段性修正来控制产品的发展方向。

如果这些变化发生在应用程序的用户界面背后，那么这种想法可能是正确的。但是，当这些变化影响用户界面时会发生什么？Larry Constantine（2002）如此描述：

> 对于用户界面而言，架构（整体组织、导航和外观）必须设计成覆盖全部的任务。当涉及到用户界面时，以后的改进是不可接受的，因为这意味着要改变用户已经学习或者掌握了早期界面的系统。即使对布局的位置或者窗口特性进行微调，也可能会对用户产生问题。

这意味着如果用户界面对我们产品的成功至关重要，那么我们可能需要从头开始考虑用户界面。如果更改用户界面会给用户带来问题，那么项目可能存在一个不成文的限制："一旦启动，尽量少改用户界面。"

Constantine and Lockwood（2002）提出了解决方案，敏捷化的以使用为中心的设计。敏捷化的以使用为中心的设计是由基本用例或者任务案例驱动的，而不是由用户故事驱动。但是，我们可以用故事来替换基本用例，这就产生了基于用户故事敏捷化的以使用为中心的设计，步骤如下。

1. 用户角色建模。
2. 拖网捕获高层级的用户故事。
3. 对用户故事进行优先级排序。
4. 优化高优先级和中等优先级的故事。
5. 将故事整理分组。
6. 建立纸质原型。
7. 完善原型。
8. 开始编程。

第 1 步用户角色建模可以按第 3 章的描述完成。然后按第 4 章中的故事编写工作坊来完成接下来的几步。工作坊首先集中于拖网捕获最高层级的故事，数量一般不超过两打。

接下来，将高层级故事分为三组：高优先级故事必须在即将发布的版本中，中等优先级故事期望放入即将发布的版本中，低优先级故事可以推迟到后续版本。将低优先级的故事放在一边，同时将高优先级和中等优先级的故事细化为更小的故事。这些故事的规模应该可以用于计划发布。

然后，将高优先级和中等优先级的故事整理成很可能一起执行的组。然后，为每组故事在纸上绘制原型。创建好纸张原型后，将它们展示给用户（或者必要时使用用户代理），并根据他们的意见进一步完善原型。

如果将这些步骤添加到项目中，请记住尽可能保持过程轻量化。一些已经确定并画出原型用户界面的故事最终可能会在项目开发之前从项目中移除。避免花费没有必要的时间。对于大多数应用程序而言，这可能少则需要几天，多则最多几周（对于有远程用户的商业软件）。

写两套

几年前，我正在开展一个项目，我们请 Ward Cunningham 来咨询和评估项目。当时团队正在努力解决用户界面的问题。关于用户是否更喜欢基于浏览器的界面或者他们是否更喜欢本地应用程序，有许多热烈的争论。我们的营销小组询问了用户，但我们并不确定他们是否进行了充分的用户调查，或者他们是否以正确的方式完成了用户研究。

Ward 告诉我们通过“写两套用户界面”来解决这个问题。他的逻辑是，这两个界面都不会很难写，并且它们之间会保证应用程序的中间层是独立的。由于有两套用户界面，功能代码不会被不当放到客户端，如果那样，功能代码将不得不写两次。

Ward 的建议是对的。当然，我们没有听取他的建议，我们认为开发两个完整用户界面的成本太高了。产品完成后，客户告诉我们，我们确实选择了错误的用户界面技术。然后，迅速启动另一个项目，为那个产品添加了第二套用户界面。

保留故事

关于是否应该保留故事的争论很普遍。一方认为，撕掉一张已完成卡片的好处大于保留卡片的价值。另一方，比较保守的人宁愿把故事保存下来，也不愿冒险把它扔掉后来却发现又需要它。

如果正在使用软件来保存故事，那么就没有理由去处理那些已经完成的故事。可能会从删除一个电子故事中得到一些乐趣和满足感，但它可能不如把一张物理卡片撕成两半来得痛快。

如果用的是纸质卡片，那么可以把完成的纸质卡片一撕两半。我用卡片来指导这本书的写作，每次我完成或者修改好一个新的小节，我都会撕掉卡片。然而，当我在做一个软件项目，而不是一本书的时候，我宁愿保留这些卡片，把它们用橡皮筋束好放在一个架子上。

在过去的几年里，我一直很感激我能保留这些需求。以下是一些案例。

- 我工作的那家公司被收购。收购公司对我们的轻量级软件开发过程很感兴趣，但他们有自己的重量级面向瀑布的方法，每个项目都必须通过大量的关口和签署点。因为我能够实际地向他们展示我们的过程（从故事到代码和测试），他们允许我们继续沿用自己的过程，而不是采用公司的标准。更妙的是，我们最终能够取得一些进展，把我们的过程传播到公司其他部门。
- 在很多情况下，我都参与了完全改写商业产品的工作。在一个案例中，产品的第一个版本因为低劣的技术选择导致了产品的商业失败。产品被完全重写，并获得了一定的成功。另外一个客户端-服务器应用程序产品，取得了显著的成功。五年之后，公司希望重写这个产品，并在网上发布。即使是过时的故事或者需求，它们有时也是有用的。
- 我参与的另一种情况是，一家小型初创公司试图与一家规模更大的公司达成交易。如果交易完成，公司将进入利润丰厚的领域，而老板也向所有的开发人员承诺了高达 5 位数的奖金。要求我们“提供一份需求的副本。”我开始走上一条道路：对他们描述我们如何没有真正关注书面需求，而是专注于对话和协作。我可以感觉到这种谈话不会有好结果，公司的利润和开发人员的奖金正在蒸发。我转变了说法，告诉他们我们如何以用户故事的形式编写需求。他们喜欢这个主意。幸运的是，我们的故事是以电子方式存储在那个项目上的。我们把故事从所在的系统中剪切，粘贴到一个 Word 文档中，添加了一个封面页和一个签名页，结局是皆大欢喜。

考虑到在不同场合保留故事的好处，我的建议是你也要这样做。如果正在使用软件，可以让软件保证安装，或者从软件里面打印出一个报告，然后在某个地方保存好报告。如果使用的是卡片，可以保存好卡片自身，或者一次在纸上复印三张卡片。

用户故事描述 bug

一个非常常见的问题是故事和 bug 报告之间的关系。我发现最有效的方法是把每个 bug 报告当成自己的故事。如果修复 bug 的时间和完成一个典型故事的时间一样长的话，那么这个 bug 就可以像任何其他故事一样进行处理。但是，对于团队希望能够快速修复的 bug，应该将这些 bug 合并到一个或者多个故事中。有了卡片，你可以很容易地把故事卡装订在一起，再加上一个封面故事卡。然后，出于计划的目的，可以将 bug 的集合视为一个单独的故事。

使用彩色怎么样？

有些团队喜欢使用不同颜色的卡片来标识卡片上的故事类型。例如，传统的白色卡片可以用于普通的故事。红色卡片可以用于bug，蓝色卡片可以用于工作任务，等等。

对我而言，使用彩色卡片在理论上似乎总是一个好主意；但在实践中有不值得的额外麻烦。我无法在口袋里只放着白色卡片，我必须始终携带每种颜色的卡片。如果我用尽了所有可用颜色的卡片，我就得在其他颜色的卡片上写下故事，这之后我还需要重写故事。但如果你认为颜色会帮助你整理你的故事，那就试试吧。但我会坚持简单，即一大堆白色卡片。

小结

- 非功能需求（例如性能、准确性、可移植性、可重用性、可维护性、互操作性、容量等）通常可以通过创建约束卡片来处理。如果系统有比这些更复杂的需求，那么任何其他格式或者方法只要能够充分描述这些需求，都可以用作用户故事方法的补充。
- 纸质卡片或者软件系统，都不是适用于任何情况下编写故事的最佳方法。所使用的工具应该与项目和团队相匹配。
- 迭代过程可能导致用户界面反复变化。习惯于特定界面的用户，不会喜欢用户界面的变化，因为这会影响他们已经学会的操作软件方式。可以考虑加入敏捷化的以使用为中心的设计实践，以避免用户界面的反复变化。
- 一旦故事完成，撕掉故事卡就会有一定的乐趣。但也有理由保留这些卡片。小心谨慎，保留故事。
- 把小的bug报告和封面故事卡装订在一起，当作一个故事来对待。

开发人员的责任

- 开发人员有责任在适当时候建议和使用替代的技术与方法来描述需求。
- 开发人员有责任决定项目选择正确的方法：纸质卡片或者软件系统。
- 开发人员有责任了解在项目开始时考虑所有用户界面的优点和缺点。

客户的责任

- 如果觉得用户故事无法准确反映需求的一部分，客户有责任在适当时候建议和使用替代技术与方法来描述需求。

- 客户有责任决定项目选择正确的方法：纸质卡片或者软件系统。
- 客户有责任了解在项目开始时考虑所有用户界面的优点和缺点。

思考练习题

16.1 应该如何处理系统扩展支持 1000 个并发用户使用的需求？

16.2 你喜欢在纸质卡片上还是在软件系统上编写故事？请说明一下。

16.3 迭代过程对应用程序的用户界面有什么影响？

16.4 列举一些例子，说明在系统前期考虑用户界面比敏捷项目的做法具有更多好处？

16.5 开发完故事后，你建议销毁故事还是保留故事？请说明一下。

第IV部分　一个完整的项目案例

在接下来的5章中，我们将进行一个小型的假想项目。在本章中，我们将首先识别关键的用户角色。接下来的章节，我们将继续编写故事，估算故事，计划发布版本，为发布中的故事写验收测试。

- 第17章　用户角色
- 第18章　故事
- 第19章　估算故事
- 第20章　计划发布
- 第21章　验收测试

第 17 章

用户角色

项目

我们南海岸航海用品公司，30 年来一直采用产品目录销售航海用品。我们的产品包括全球定位系统、钟表、天气设备、导航和绘图设备、救生筏、充气背心、图表、地图和书籍。到目前为止，我们的网站仅仅只有一个简单的网页，告诉人们拨打免费电话索取产品目录。

我们老板已经决定，我们应该与时俱进，开始在互联网上销售东西。但是，他不希望我们一开始就卖大件物品，而是从卖书开始。在我们的产品目录中，有些产品超过 1 万美元，除非我们确认网站运行良好，没有丢失订单，否则我们不想拿昂贵的商品来冒任何风险。但是如果我们发现我们的客户喜欢网购，而且网站做得很好，我们就会在网站上扩展销售我们其他商品。

噢，老板说的最后一件事是，这个网站需要在 30 天内上线，这样我们就能在夏季的航海高峰季节里提高销量。

识别客户

项目需要客户来帮助我们识别和编写故事。这款产品的客户是购买书籍的海员，他们都不是公司内部人员。因此，我们需要一个内部客户，用来充当真正最终客户的代理人。为此，老板指定了销售和营销副总裁 Lori，让她来充当最终客户的客户代理。

在与 Lori 的初次会议上，她提供了更多的系统背景信息。她想要一个“典型的书店/电子商务网站”。她希望客户能够以各种方式搜索书籍（此时我们还没有要求她澄清具体内容），她希望用户能够维护书籍清单，这样他们会在以后进行购买，她希望用户对他们购买的书籍能够进行评分和评论，并且希望用户能够检查订单的状态。我们已经见到很多这样的网站，所以我们告诉 Lori，我们已经准备好开始了。

识别一些初始角色

我们要做的第一件事就是让一些开发人员与 Lori 聚集在一个有大桌子的房间里。Lori 已经研究过市场，并了解典型客户。Lori 和开发人员编写了下列用户角色卡片，放置方式如图 17.1 所示。

- 铁杆海员
- 初级海员
- 新海员
- 礼品购买者
- 海员不出海的配偶
- 管理员
- 销售副总裁
- 船长
- 经验丰富的海员
- 航海学校
- 图书馆
- 教练

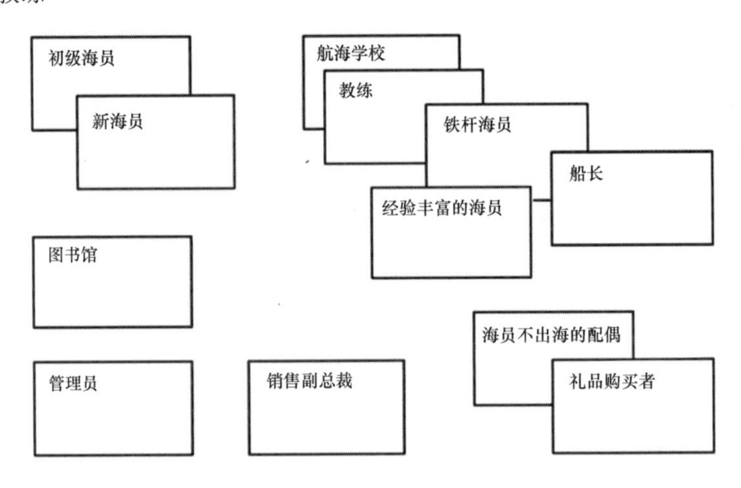

图 17.1　放置用户角色卡片

聚类与细化

把用户角色名称写在卡片上之后，我们需要删除重复的或者相似的，思考有哪些角色如何进行合并，从而得到一个精炼的用户角色列表，项目就可以从这个列表开始了。最简单的方法是如果一个角色卡片完全覆盖另一张角色卡片，则表明卡片的作者认为它们就是重复的。

在这个案例中，“新海员”角色卡片被放置在“初级海员”角色卡片的顶部。这些卡片的作者会解释他们编写卡片的意图，任何人都可以补充自己的任何评论。事实证明，“新海员”和“初级海员”之间存在区别。“新海员”是一个对帆船运动不熟悉的人；也许她现在正在上课或者航行了几次。“初级海员”的作者认为实际上这个角色可以代表一个可能已经航行了多年的人，但经常不足以胜任更复杂的航海任务。团队决定，尽管这两个角色看起来略有不同，但并没有太大差异，因此不值得为它们分配两个角色。它们合并成一个角色：“初级海员”，而“新海员”卡片被撕毁并扔掉。

接下来，团队考虑重叠的“帆船学校”和“教练”卡片。“教练”卡片的作者解释说，这个角色代表教授帆船课程的海员。她认为，教练经常为学生购买书籍，或者收集学生需要阅读的书籍清单。“帆船学校”角色卡片的作者表示，这也是她用“帆船学校”这张卡片所描述的部分内容。但是，她认为这些操作是由学校的管理员而不是由海员教练亲自操作。客户 Lori 告诉我们，即使是学校管理员也会具有许多与教练相同的特征，从而为我们澄清了这个问题。显而易见，“教练”与“帆船学校”相比，“教练”是一个人类的角色，因此“帆船学校”卡片被撕掉。

“铁杆海员”角色卡片与“教练”“经验丰富的海员”以及“船长”角色卡片部分重叠。团队接下来讨论这些角色，并获悉“铁杆海员”角色是为了捕捉那些通常明确知道自己想要的书籍的一类海员。例如，铁杆海员知道最好的导航书籍。因此，铁杆海员的搜索方式将与那些知识水平较低的海员，甚至是经验丰富的海员的搜索方式截然不同。“经验丰富的海员”角色代表的是非常熟悉网站提供的产品的海员，但他们可能不会自动回忆起来那些最好的书籍。

在讨论“船长”角色之后，团队觉得这个角色与“铁杆海员”基本相同，然后，“船长”卡片被撕掉。

此时，团队决定保留“初级海员”“教练”“铁杆海员”和“经验丰富的海员”这些角色。他们已经处理了“新海员”“船长”和“帆船学校”的角色。他们还没有考虑“礼品购买者”“海员不出海的配偶”“管理员”和“销售副总裁”。接着，这些剩余角色卡片的作者解释了他们的意图。

“礼品采购者”角色代表的不是海员，但是他可能正在为某人购买礼物。“海员不出海的配偶”角色的作者表示这也是该种角色卡片背后的意图。经过对两张角色卡片的讨论后，团队决定撕掉两种角色卡片，并把二者合并替换为“非海员礼品采购者”角色卡片。

“管理员”角色的作者解释说，这个角色需要将数据加载到系统中并保持系统运行。这是团队讨论的第一个不从网站购买物品的角色代表。经过讨论，他们决定这个角色是重要的，Lori 表示她将会有一些故事，包括如何维护系统以及如何将新产品添加到网站中。

接下来讨论“销售副总裁”的角色。这是另一个非采购角色。但是，首席执行官已经强制要求要密切关注新系统，看看它如何影响销售。该团队认为这个角色不必要，因为他们认为这个角色不会有很多故事。最后，他们决定保留这个角色，但将其重命名为更通用的“报表查看者”。

关于“图书馆”角色。团队认为它可能与“帆船学校”或者“海员不出海的配偶”类似。但是，大家拒绝了这些想法，并决定将“图书馆”作为一种角色。然而，根据创建代表实际用户的指导原则，“图书馆”卡片被撕掉并换成“图书馆管理员”角色卡片。

此时，团队已经解决了图 17.2 所示的角色。

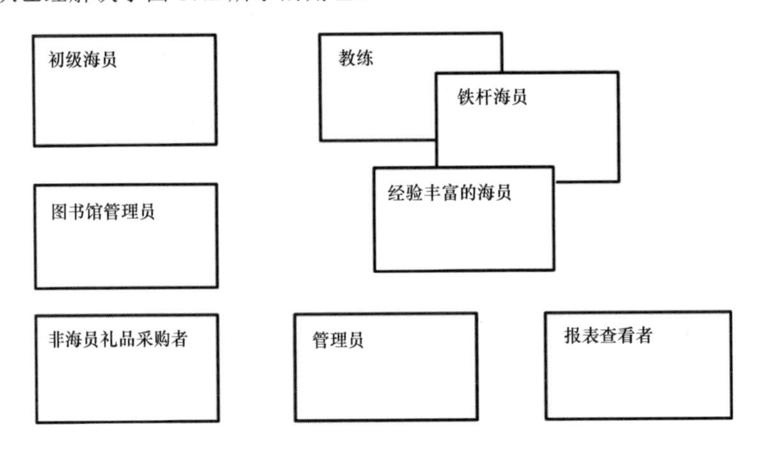

图 17.2　最初讨论完聚类后的角色

角色建模

接下来，团队考虑每个角色并向角色卡片上添加详细描述。详细描述将根据领域和软件类型的不同而有所不同，但需要考虑以下一般因素。

- 用户使用软件的频率。
- 用户在这个专业领域的专业水平。
- 用户对电脑和软件的熟练程度。
- 用户对正在开发的软件的熟练程度。
- 用户使用软件的目的。一些用户关心易用性，而其他用户更喜欢丰富的体验，等等。

该团队针对每个角色卡片讨论这些问题。他们如下更新了用户角色卡片。

> 初级海员：有经验的网络购物者。预计在航行前的 3 个月内将进行 6 次采购。有时会购买指定书名的书籍；其他时候需要帮助来选择合适的书。与实体书店对比，需要在选择合适的书籍方面获得更多的帮助（有适当水平的内容介绍）。
>
> 教练：预计会经常使用网站，每周一次。教练经常通过和公司的电话销售小组联系，下出类似的订单（例如，20 本同样的书）。熟练使用网站，但通常对使用电脑有些紧张。有兴趣获得最优惠的价格。对网站上的“评论”或者其他“华而不实的东西”不感兴趣。
>
> 铁杆海员：一般不熟悉电脑。经常购买公司销售目录中的产品，但每次不怎么买书。从我们那里购买大量其他的装备。通常确切地知道他想要什么。尝试使用网站时，对网站的易用性要求很高。
>
> 经验丰富的海员：使用电脑熟练。预计每季度订购一到两次，也许在夏季更频繁。对航海有所了解，但通常只限于当地地区。对其他海员认为的最好的产品和最好的航行地点非常感兴趣。
>
> 非海员礼品采购者：通常熟练使用电脑（否则不会选择在线购买礼品）。不是海员，并且最多只是熟悉航海术语。通常寻找指定的书，但有可能寻找特定主题方面的书。
>
> 图书馆管理员：使用电脑熟练。确切地知道她在找什么，并且更喜欢按照 ISBN 而不是作者甚至是书名来寻找。对礼品包装或者追踪货物等装饰品不感兴趣。通常每年会发出少量的订单，但每个订单比单个个人的订单要大。

管理员：使用电脑非常熟练。至少比较熟悉航海。作为其工作的一部分，每天访问系统的后端。对快速学习软件感兴趣，但稍后需要高级用户快捷方式。

报表查看者：使用电脑熟练，主要使用电子表格和文字处理器等程序。对系统工作方式，访问者购买或不购买的详细数据，以及他们如何浏览或者搜索网站感兴趣。与访问速率相比，更在乎报表的强大功能和业务深度。

增加用户画像

有时候，花几分钟的时间增加一个用户画像是值得的。团队询问 Lori，在这些用户角色中，哪些用户的需求得到了满足，网站才算成功。她说，“铁杆海员”很重要，因为他们是长期客户。但是，即使他们经常航海，他们也不会大量购买书籍。另一方面，人数众多的“经验丰富的海员”也很重要，这个群体购买了大量的书籍。Lori 补充说，也许最重要的角色是“教练”。“教练”每年可以购买数百本书。实际上，她希望通过这个网站，研究一些方法，给那些介绍学生到网站的“教练”提供一些经济上的激励。

有了这些信息，团队决定开发两个用户画像。第一个用户画像是 Teresa。Teresa 具有四年多的航海经验。她是一家上市生物技术公司的首席执行官，十分喜欢网购。Teresa 主要在夏天航行，所以她只会在春天或者夏天的时候，在准备出航的时候使用这个网站。她很忙，对于能够利用我们网站能节省时间和找到她以前没见过的书很感兴趣。Teresa 嫁给了 Tom，Tom 不会独自航行，而是陪着 Teresa 乘坐两艘游轮穿越地中海。

第二个角色是 Ron 船长。Ron 船长已经航行了 40 年，在圣地亚哥开了一所航海学校。他五年前从高中退休，从此成为一名帆船教练。十年来他一直是忠实的目录销售客户。他仍然对使用办公室里的电脑有点紧张，但他对网购很感兴趣，我们希望他能尝试一下。

关于 Teresa 和 Ron 船长的提醒

是否需要为这个系统添加用户画像是值得商榷的。只有当团队认为，有这样一个必须满足其需求的客户，让大家更容易分析出用户故事时，才需要增加用户画像。对于章节中描述的南海岸航海用品系统来说，这可能不值得增加额外的用户画像。

但是，因为用户画像可以成为工具箱中有价值的补充，所以我加上了 Teresa 和 Ron 船长，提供了更完整的示例。

第 18 章

故事

为了产生最初的故事列表，团队决定召开一次故事编写工作坊，大家将花费一两个小时，尽可能多写故事。在故事编写工作坊里，一种方法是不考虑角色或者用户画像对故事的影响，随机编写故事。另一种方法是从一个特定的用户角色或者用户画像开始，团队写下所能想到的这个角色的所有故事，然后再考虑下一个角色的故事。两种方法的结果应该是一样的。在本案例中，团队讨论后决定以每个角色和用户画像进行故事的编写。

Teresa 的故事

团队决定从 Teresa 开始，Teresa 是前一章中定义的用户画像，因为团队的客户成员 Lori 曾表示，新网站能否满足 Teresa 的需求至关重要。团队知道 Teresa 关注速度和购买的便捷性。她是一位真正的超级用户，只要能够帮助她更快地找到她想要东西，她就不会介意系统额外的一点复杂性。他们编写的第一个故事是故事卡 18.1。

用户可以通过作者、书名或者 ISBN 搜索书籍。

故事卡 18.1

开发人员对这个故事有一些疑问。例如，用户是否可以同时按照作者、书名和 ISBN 进行搜索，或者 Lori 希望用户一次仅能选择一个条件进行搜索？他们把这些问题放在一边，以便集中精力写出更多的初始故事。

接下来，Lori 说，在搜索到一本书后，用户应该可以看到这本书的详细信息。她给出几个她认为的详细信息，然后写出故事卡 18.2。

用户可以查看书籍的详细信息。例如，页数，出版日期和内容简介。

故事卡 18.2

除了这三个细节，她可能还想要更多，但是开发人员可以在他们准备编码实现这个故事的时候再去询问她。

作为一个典型的电子商务网站，团队知道用户将需要一个“购物车”，并购买他们放在购物车中的书籍。作为客户，Lori 还说，用户在订单结账之前应该可以从购物车中删除书籍。这产生了故事卡 18.3 和故事卡 18.4。

用户可以把书籍放进“购物车”，当她想要购买的时候可以进行“购买”操作。

故事卡 18.3

在完成订单之前，用户可以从“购物车”中移除书籍。

故事卡 18.4

要想使用信用卡支付订单，系统需要识别信用卡以便计费，还有一些地址信息。这产生了故事卡 18.5。

为了购买书籍，用户需要输入她的账单地址、送货地址和信用卡信息。

故事卡 18.5

Lori 提醒开发人员，由于 Teresa 只有四年航行经验，所以她并不一定都了解她需要什么样的书籍。对于 Teresa 而言，该网站应该包含客户评分和发表评价的功能。这导致 Lori 写出故事卡 18.6。

用户可以对书籍进行评分和发表评价。

故事卡 18.6

由于 Teresa 希望能够尽可能快捷地下订单，团队决定系统需要能够保存送货地址和账单信息。一些网站的客户，例如“非海员礼品购买者”角色，可能不经常购买，所以这些客户可能不希望创建一个可重复使用的账号。同样，Ron 船长这种对新网站总是有点犹豫不决的人，在第一次使用网站时，任何额外的步骤都可能会使他产生抵触。因此，Lori 决定，一个用户不管有没有注册账号都可以购买书籍，并编写出故事卡 18.7 和故事卡 18.8。

用户可以创建一个账号，用于保存送货地址和账单信息。

故事卡 18.7

用户可以编辑自己的账号信息，包括信用卡信息、送货地址、账单地址等。

故事卡 18.8

团队觉得，Teresa 希望把想要但是今天不准备进行购买的书籍放到愿望单里。她日后要么自己购买，要么告诉她的丈夫 Tom，他就会从愿望单中购买书籍。所以，Lori 编写了故事卡 18.9 和故事卡 18.10。

我们希望确保任何对故事卡 18.10 进行编程实现的人都知道，用户可以从她自己或者他人的愿望单中选择要购买的书籍。我们一定要注意，在故事卡 18.10 括号内的描述说明了这一点。

用户可以将书籍放入到其他站点访问者可见的“愿望单”中。

故事卡 18.9

用户可以从愿望单（甚至是其他人的愿望单）中选择要购买的书籍，添加到自己的购物车中。

故事卡 18.10

因为下单速度对 Teresa 很重要，所以 Lori 还确定了一个与订购一本书需要多长时间有关的性能约束。由此她写了故事卡 18.11。

一个回头客必须在不到 90 秒的时间内能找到一本书并完成订单。 （约束）

故事卡 18.11

在这个案例中，Lori 选择关注回头客搜索书籍，并完成订单所需要花费的时间长短。因为这个故事覆盖了用户在网站上体验的所有方面，所以它是一个很好的性能需求。快速的数据库查询和中间件不太重要，如果用户界面是混乱的，以至于用户需要 3 分钟才能打开搜索界面，这个故事比一个类似“搜索必须在 2 秒钟内完成”这样的故事更能反映这一点。当然，Lori 可以增加更多的性能约束条件，但通常可以选择一些类似这个故事的覆盖面较大的就足够了。

Ron 船长的故事

团队觉得为经验丰富的海员 Teresa 写不出更多故事了。所以，他们同意把焦点转向 Ron 船长，他经营着一所航海学校，与 Teresa 相比，他只是尝试性地使用电脑。当 Ron 船长访问这个网站时，他通常知道他在找什么。

如此一来，Lori 写出了故事卡 18.12 和故事卡 18.13。

用户可以查看自己的所有历史订单。

故事卡 18.12

用户在查看历史订单的时候可以容易的重新购买订单中的书籍。

故事卡 18.13

这些故事将使 Ron 船长可以查看他的历史订单，并从这些订单中重新购买物品。然而，Lori 指出，Ron 船长可能也想买一件他最近看到的但是以前从没有买过的新东西。她写出故事卡 18.14。

网站总是告诉购物者她查看的最后 3（？）个购买的条目，系统提供链接给他们。（甚至在不同的会话中，这个功能也有效）。

故事卡 18.14

初级海员的故事

接下来，团队考虑初级海员角色的故事。初级海员的需求在很大程度上与 Teresa 和 Ron 船长的需求重叠。但 Lori 认为，如果初级海员能看到我们的推荐清单，会对他有所帮助。

在这里，初级海员可以找到我们推荐的各种主题的书籍。于是，她写了故事卡 18.15。

用户能够看到我们推荐的各种主题的书籍。

故事卡 18.15

非海员礼品购买者的故事

轮到非海员礼品购买者角色，团队讨论了如何让购买者能够找到另一个人的愿望单。他们开始讨论各种设计解决方案，以及哪些字段将用于搜索，直到他们意识到设计讨论应该以后进行。Lori 在这次会议上没有参与设计这个功能，而是编写了故事卡 18.16。

用户，特别是非海员礼品购买者，可以容易地找到其他用户的愿望单。

故事卡 18.16

Lori 也知道系统需要支持礼品卡和包装。她编写了故事卡 18.17 和故事卡 18.18。

用户可以选择对购买的礼品进行包装。

故事卡 18.17

用户可以选择附上礼品卡，并且可以在卡片上写上自己的信息。

故事卡 18.18

报表查看者的故事

Lori 说，这个系统需要生成关于购买和流量模式等报表。她还没有详细地考虑这些报表，所以开发人员写了一个简单的故事，提示他们有报表要开发。他们日后将决定报表内容。现在她写的故事卡是 18.19。

考虑到报表，提醒了 Lori 它们是高度敏感的。当然，消费者能看到的网页上是看不到这些报表的。但是，她表示只有公司内部的某些人才有权限访问这些报表。这可能意味着。如果你可以访问一个报表，则可以访问所有报表，或者它可能意味着某些用户只能访问某些报表。关于这个的问题，开发人员现在没有询问 Lori，Lori 写了故事卡 18.20。

报表查看者可以看到按书籍、流量、销量最佳和最差等进行分类的每日购买报表。

故事卡 18.19

用户必须通过身份验证，才可以查看报表。

故事卡 18.20

为了使报表具有意义，Lori 说，网站使用的数据库必须与我们当前电话系统使用的数据库相同。这导致 Lori 编写出故事卡 18.21 中显示的约束。

网站上的订单必须与电话系统的订单使用同一个数据库。
（约束）

故事卡 18.21

一些管理员的故事

此时，我们将注意力转移到管理员用户角色。团队立刻想到了故事卡 18.22 和故事卡 18.23。

管理员可以向网站中上架新书。

故事卡 18.22

当用户评论在网站上正式发布之前，必须经过管理员批准。

故事卡 18.23

关于上架新书的故事提醒他们，管理员应该可以删除书籍，编辑书籍，以防止在上架新书时使用了不正确的信息。所以他们编写了故事卡 18.24 和故事卡 18.25。

管理员可以删除书籍。

故事卡 18.24

管理员可以编辑已上架书籍的信息。

故事卡 18.25

结束

到此，Lori 已经想不出新的故事了。之前，每个故事都是在脑海里自然浮现出来的，但现在她不得不绞尽脑汁思考是否还有其他的故事。因为项目将使用增量和迭代的开发过程，所以前面她想出所有的故事并不重要。但是因为她想要初步估算系统需要多长时间能构建完成，所以团队想在有限的时间内写出尽可能多的故事。如果 Lori 在我们开始开工后提出了一个新的故事，她将有机会把它移到发布中，前提是她需要替换出工作量大致相当的需求。

开发人员询问 Lori 是否有其他遗漏的故事。她写出故事卡 18.26。

Lori 还提醒开发人员，虽然可扩展性要求不是很大，但是站点需要至少能够处理 50 个并发用户在线。团队把这个约束写在故事卡 18.27 上。

用户可以检查最近订单的状态。如果订单没有发货，她可以添加或者删除书籍，改变发货方式、送货地址和信用卡信息。

故事卡 18.26

系统必须支持 50 个并发用户。
（约束）

故事卡 18.27

第 19 章

估算故事

故事编写工作坊产生了 27 个故事，这些故事汇总在表 19.1 中。接下来的目标是创建一个发布计划来展示客户 Lori 期望开发人员完成的任务，以及该网站是否可以在老板的 30 天期限内上线。因为在这 30 天内可能不会完成所有工作，所以开发人员需要与 Lori 紧密合作对故事进行优先级排序。

表 19.1　初始的故事集

故事描述
用户可以通过作者、书名或者 ISBN 搜索书籍。
用户可以查看书籍的详细信息。例如，页数，出版日期和内容简介。
用户可以把书籍放进“购物车”，当她想要购买的时候可以进行“购买”操作。
在完成订单之前，用户可以从“购物车”中移除书籍。
为了购买书籍，用户需要输入她的账单地址、送货地址和信用卡信息。
用户可以对书籍进行评分和发表评价。
用户可以创建一个账号，用于保存送货地址和账单信息。
用户可以编辑自己的账号信息，包括信用卡信息、送货地址、账单地址等。
用户可以将书籍放入到其他站点访问者可见的“愿望单”中。
用户可以从愿望单（甚至是其他人的愿望单）中选择要购买的书籍，添加到自己的购物车中。
一个回头客必须在不到 90 秒的时间内能找到一本书并完成订单。
用户可以查看自己的所有历史订单。
用户在查看历史订单的时候可以容易的重新购买订单中的书籍。
网站总是告诉购物者她查看的最后 3 个购买的条目，系统提供链接给他们（甚至在不同的会话中，这个功能也有效）。

续表

故事描述
用户能够看到我们推荐的各种主题的书籍。
用户，特别是非海员礼品购买者，可以容易地找到其他用户的愿望单。
用户可以选择对购买的礼品进行包装。
用户可以选择附上礼品卡，并且可以在卡片上写上自己的信息。
报表查看者可以看到按书籍、流量、最佳和最差销售书籍等进行分类的每日购买报表。
用户必须通过身份验证，才可以查看报表。
网站上的订单必须与电话系统的订单使用同一个数据库。
管理员可以向网站中上架新书。
当用户评论在网站上正式发布之前，必须经过管理员批准。
管理员可以删除书籍。
管理员可以编辑已上架书籍的信息。
用户可以检查最近订单的状态。如果订单没有发货，她可以添加或者删除书籍，改变发货方式，送货地址和信用卡信息。
系统必须支持 50 个并发用户。

为了创建发布计划，每个故事都需要估算。正如我们在第 8 章中学到的，开发人员将采用故事点来估算每个故事，这些故事点体现了理想时间、复杂性或者其他对团队有意义因素的度量。

第一个故事

尽管没有必要从这个列表中的第一个故事开始（“用户可以通过作者、书名或者 ISBN 搜索书籍。”）。但在本案例中，第一个故事是很适合开始估算的故事。当 Lori 写出这个故事时，开发人员不确定 Lori 是否想允许用户可以使用所有这些字段同时搜索，或者用户是否每次只能使用一个字段进行搜索。由于 Lori 的答案可能会对估算产生重大影响，所以需要询问她。

很自然，Lori 说这两种搜索方式她都想要。她想要的基本搜索方式是，根据一个字段中的值既可以搜索作者，也可以搜索书名。然后她想要一个高级搜索界面，任何一个或者所有这些字段都可以组合成搜索条件。这两种搜索方式下，故事都不是那么大；但是在两种方式之间需要有一个简单的切分，每个人都同意撕掉这个故事，并使用故事卡 19.1 和故事卡 19.2 取而代之。

用户可以进行基本简单搜索，输入的单词或者短语会同时在作者和书名中进行匹配。

故事卡 19.1

用户可以通过作者、书名和 ISBN 的任意组合进行搜索书籍。

故事卡 19.2

为了估算这些故事，三位程序员（Rafe，Jay 和 Maria）与客户 Lori 在同一个房间里。他们带来了故事卡和几十张空白卡片。程序员讨论故事卡 19.1，通过询问 Lori 问题来澄清一些细节，然后每个程序员都将自己的估算值写在索引卡片上。当每个人都写完后，每个程序员都举起自己的卡片，这样每个人都可以看到。他们写的内容如下：

Rafe：1

Jay：1/2

Maria：2

三个开发人员开始讨论他们的估算。Maria 解释了为什么她认为这个故事值 2 个故事点。她认为他们可能需要选择一个搜索引擎，将其集成到系统中，然后才能编写界面来实现故事。Jay 说，他对所有可选的搜索引擎都已经非常熟悉，并且对选择它们的方向非常有信心，这就是为什么他的估算那么低。

每个人都被要求重写新的估算值。然后，他们再次展示他们的卡片。这一次卡片上写的内容如下：

Rafe：1

Jay：1

Maria：1

这次很容易。Jay 决定提高他的估算值，Maria 相信他们可以比她原先想象的能更快完成故事。他们现在对故事卡 19.1 的估算是 1 个故事点。如表 19.2 所示，他们开始写下估算值。

表 19.2　开始写下估算值

故事	估算值
用户可以进行基本简单搜索，输入的单词或者短语会同时在作者和书名中进行匹配。	1

请注意，在程序员提出这些估算时，客户 Lori 是在现场的，但她并没有写下她的估算值。因为 Lori 不是这个项目的程序员，所以她不允许进行估算。此外，她不允许在估算时喘粗气或者以其他方式表达震惊。如果她这样做了，她就会破坏估算工作。当然，如果 Lori 听到估算有点离谱（要么太高，要么太低）时，她可能需要提供一些指导或者澄清。例如，她可能会提供一些类似于“我可以看到你描述的 10 个故事点，但我想要一些更简单的东西。我真正想要的是……”的信息。

高级搜索

关于故事卡 19.2“高级搜索”。程序员再次将他们的估算值写在索引卡片上，并同时将它们翻过来显示：

Rafe：2

Jay：1

Maria：2

Rafe 表示，高级搜索将比基本搜索花费更长的时间，因为还有更多需要搜索的内容。Jay 对此表示同意，但他表示，由于基本搜索已经被编码实现，所以增加高级搜索功能不需要很长时间。但是，Maria 指出故事是独立的，我们不知道哪个故事会先完成。客户 Lori 说，她不确定她会先要做什么。她倾向于优先完成基本搜索，但直到她知道每个人的估算（即成本）后才能确定。

经过另外一两次对卡片的估算，所有人都同意，虽然高级搜索的工作量比基本搜索要多一些，但并不多，他们再次给它的估算值是 1 个故事点。

接下来的几个故事可以直接估算，而且不需要拆分。开发人员得出表 19.3 所示的估算值。

表 19.3　逐步增加的估算列表

故事	估算值
用户可以进行基本简单搜索，输入的单词或者短语会同时在作者和书名中进行匹配。	1
用户可以通过作者、书名和 ISBN 的任意组合搜索书籍。	1
用户可以查看书籍的详细信息。例如，页数、出版日期和内容简介。	1
用户可以把书籍放进“购物车”，当她想要购买的时候可以进行“购买”操作。	1
在完成订单之前，用户可以从“购物车”中移除书籍。	0.5
为了购买书籍，用户需要输入她的账单地址、送货地址和信用卡信息。	2

评分和评价

下一个故事有点困难（“用户可以对书籍进行评分和发表评价。”）。在写下估算值并彼此进行展示之前，开发人员讨论这个故事。评分部分似乎并不难，但评价似乎更复杂。他们需要一个界面让用户输入并且能够预览评价。评价是纯文本还是 HTML？用户只能评价自己从网站上买到的书吗？

由于评价涉及的不仅只是对书籍进行评分，我们决定拆分故事。这产生了故事卡 19.3 和故事卡 19.4。

用户可以对书籍进行评分，从 1 分（差）到 5 分（好）。这本书不一定是用户从网站这里购买的。

故事卡 19.3

用户可以写书的评价。在提交评价之前，她可以预览评价。这本书不一定是用户从我们这里购买的。

故事卡 19.4

程序员们估算故事 19.3 是 2 个故事点，故事 19.4 是 4 个故事点。

当他们考虑关于评分和评价书籍的故事时，他们也会想到“当用户评价在网站上正式发布之前，必须经过管理员批准。”这可能非常简单，也可能更复杂，评价者可能要求管理员说明评价被驳回的原因，或者可能需要给评价者发送邮件。程序员不认为 Lori 会想要任何复杂的东西，他们讨论这个故事的估算是 2 个故事点。

账号

下一个故事似乎很简单（“用户可以创建一个账号，用于保存送货地址和账单信息。”），开发人员给它估算了 2 个故事点。

接下来，开发人员开始估算“用户可以编辑自己的账号信息，包括信用卡信息、送货地址、账单地址等。”这个故事不是很大，很容易拆分。通常拆分类似这样故事的好处是，它可以使发布计划更具有灵活性，并且允许客户在更细微的层级上进行优先级排序。例如，在我们的例子中，Lori 可能认为用户编辑他们的信用卡信息至关重要，但她可能愿意等几次迭代才允许用户能够更改地址。原始故事被拆分后，产生了故事卡 19.5 和故事卡 19.6。这些故事看起来都不难，所以程序员估算故事卡 19.5 为 1/2 故事点，故事卡 19.6 为 1 个故事点。

用户可以编辑自己账号里面的信用卡信息。

故事卡 19.5

用户可以编辑自己账号里面的送货地址和账单地址。

故事卡 19.6

完成估算

对于其余的故事，同样的过程重复进行。剩下的故事中只有少数值得特别提及。首先是一个模糊的故事："用户，特别是非海员礼品购买者，可以容易地找到其他用户的愿望单。"当被问及用户如何搜索愿望单时，Lori 提供了足够的细节，可以将这个故事改写成故事卡 19.7。

用户，尤其是非海员礼品购买者，可以根据愿望单所有者的姓名和所在州来搜索愿望单。

故事卡 19.7

接下来，每个人都同意拆分故事"用户可以检查最近订单的状态。如果订单没有发货，她可以添加或者删除书籍，改变发货方式，送货地址和信用卡信息。"第一个故事将包括检查最近订单的状态；第二个故事包括更改尚未发货的订单信息，故事卡 19.8 和故事卡 19.9。

用户可以检查自己最近的订单状态。

故事卡 19.8

如果订单没有发货，用户可以添加或删除书籍，改变发货方式，送货地址和信用卡信息。

故事卡 19.9

最后，这三个故事是约束。

- 一个回头客必须在不到 90 秒的时间内能找到一本书并完成订单。
- 网站上的订单必须与电话系统的订单使用同一个数据库。
- 系统必须支持 50 个并发用户。

作为约束，它们影响其他的故事，但不需要进行特别的编码实现。

所有的估算

表 19.4 展示所有的估算

故事	估算值
用户可以进行基本简单搜索，输入的单词或者短语会同时在作者和书名中进行匹配。	1
用户可以通过作者、书名和 ISBN 的任意组合进行搜索书籍。	1
用户可以查看书籍的详细信息。例如，页数，出版日期和内容简介。	1
用户可以把书籍放进“购物车”，当她想要购买的时候可以进行“购买”操作。	1
在完成订单之前，用户可以从“购物车”中移除书籍。	0.5
为了购买书籍，用户需要输入她的账单地址、送货地址和信用卡信息。	2
用户可以对书籍进行评分，从 1 分（差）到 5 分（好）。这本书不一定是用户从网站这里购买的。	2
用户可以写书的评价。在提交评价之前，她可以预览评价。这本书不一定是用户从我们这里购买的。	4
当用户评价在网站上正式发布之前，必须经过管理员批准。	2
用户可以创建一个账号，用于保存送货地址和账单信息。	2
用户可以编辑自己账号里面的信用卡信息。	0.5
用户可以编辑自己账号里面的送货地址和账单地址。	1
用户可以将书籍放入到其他站点访问者可见的“愿望单”中。	2
用户，尤其是非海员礼品购买者，可以根据愿望单所有者的姓名和所在州来搜索愿望单。	1
用户可以检查自己最近的订单状态。	0.5
如果订单没有发货，用户可以添加或删除书籍，改变发货方式，送货地址和信用卡信息。	1
用户可以从愿望单（甚至是其他人的愿望单）中选择要购买的书籍，添加到自己的购物车中。	0.5
一个回头客必须在不到 90 秒的时间内能找到一本书并完成订单。	0
用户可以查看自己的所有历史订单。	1
用户在查看历史订单的时候可以容易的重新购买订单中的书籍。	0.5
网站总是告诉购物者她查看的最后 3（？）个购买的条目，系统提供链接给他们。（甚至在不同的会话中，这个功能也有效）。	1
用户能够看到我们推荐的各种主题的书籍。	4
用户可以选择对购买的礼品进行包装。	0.5
用户可以选择附上礼品卡，并且可以在卡片上写上自己的信息。	0.5
报表查看者可以看到按书籍、流量、最佳和最差销售书籍等进行分类的每日购买报表。	8

续表

故事	估算值
用户必须通过身份验证，才可以查看报表。	1
网站上的订单必须与电话系统的订单使用同一个数据库。	0
管理员可以向网站中上架新书。	1
管理员可以删除书籍。	0.5
管理员可以编辑已上架书籍的信息。	1
系统必须支持 50 个并发用户。	0

第 20 章

计划发布

为了创建发布计划，需要进行以下步骤。

1. 选择一次迭代周期长度。
2. 估算速率。
3. 对故事进行优先级排序。
4. 把故事分配到一个或者多次迭代中。

因为新网站的特性需要在 4 周内交付，所以团队决定使用 2 周长度的迭代。这样团队就能有机会在最后交付期限之前进行两次迭代。他们把最高优先级的特性放在第一次迭代中，以确保这些特性一定能完成。在第一次迭代之后，他们就能够评估他们的速率，并决定他们可以将多少工作放入第二次迭代。

估算速率

Maria 和 Rafe 是这个项目的程序员。Jay 曾经帮助进行估算，但是因为有其他事情，他无法参与开发这个网站。由于这个项目与程序员以前开发过的网站不同，所以他们无法基于以前项目的速率来估算这个新项目的速率。因此，他们需要进行有根据的猜测。

他们估算这些故事时，Maria 和 Rafe 将一个故事点简单定义为一个理想日。但是他们现在发现，他们需要实际两三天的时间才能完成一个理想日的工作。一次迭代有两周（10 天）和两个程序员，也就是每次迭代将会有 20 个人日。Maria 和 Rafe 估算，他们将能够在每次迭代中完成 7～10 个故事点。在第一次迭代时他们决定估算的保守一些，他们估算速率为 8 个故事点。

对故事进行优先级排序

作为客户，Lori 对故事进行优先级排序。决定故事优先级的主要因素是它能够提供给企业的业务价值。同时，Lori 还需要考虑对故事进行估算。有时候，考虑到如果故事实现的成本（估算值）过高的话，高优先级的故事可能就会变得不那么重要。

开始对故事进行优先级排序之前，根据 4 周后的上线日期，按照故事的重要程度，Lori 将故事卡分成四组：必须要有（Must Have），应该有的（Should Have），可以有的（Could Have），不需要有（Won't Have）。表 20.1 显示了 Lori 分组的“必须要有”的故事。

表 20.1　4 周后首次发布的“必须要有”的故事

故事	估算值
用户可以进行基本简单搜索，输入的单词或者短语会同时在作者和书名中进行匹配。	1
用户可以把书籍放进“购物车”，当她想要购买的时候可以进行“购买”操作。	1
在完成订单之前，用户可以从“购物车”中移除书籍。	0.5
为了购买书籍，用户需要输入她的账单地址、送货地址和信用卡信息。	2
用户可以创建一个账号，用于保存送货地址和账单信息。	2
网站上的订单必须与电话系统的订单使用同一个数据库。	0
管理员可以向网站中上架新书。	1
管理员可以删除书籍。	0.5
管理员可以编辑已上架书籍的信息。	1
系统必须支持 50 个并发用户。	0

Lori 对“必须要有”的故事估算总和为 9。由于速率估计是每次迭代 8 个故事点，有两次迭代，所以还可以加一些“应该有的”故事。Lori 从“应该有的”的故事中选取了如表 20.2 中的。她现在已经从“必须要有”和“应该有的”的故事中，确定了 15.5 个点，这足够接近程序员认为可以在两次迭代中完成的 16 个点。

表 20.2　Lori 添加到发布计划中的“应该有的”的故事

故事	估算值
用户可以通过作者、书名和 ISBN 的任意组合进行搜索书籍。	1
用户可以编辑自己账号里面的信用卡信息。	0.5
用户可以编辑自己账号里面的送货地址和账单地址。	1
用户能够看到我们推荐的各种主题的书籍。	4

完成的发布计划

完成的发布计划汇总在表20.3中，并且用这张表与组织中的其他成员进行沟通。Maria 和Rafe会尽自己的最大努力完成第一次迭代计划的工作。如果进展良好，他们可以和Lori一起，再把1个或者2个新故事加入到第一次迭代中。如果进展缓慢，他们需要和Lori一起，可能把1个或者2个故事从第一次迭代挪到第二次迭代中。

表20.3　完成的发布计划

迭代1	迭代2
用户可以进行基本简单搜索，输入的单词或者短语会同时在作者和书名中进行匹配。	管理员可以编辑已上架书籍的信息。
用户可以把书籍放进“购物车”，当她想要购买的时候可以进行“购买”操作。	用户可以通过作者、书名和ISBN的任意组合进行搜索书籍。
在完成订单之前，用户可以从“购物车”中移除书籍。	用户可以编辑自己账号里面的信用卡信息。
为了购买书籍，用户需要输入她的账单地址、送货地址和信用卡信息。	用户可以编辑自己账号里面的送货地址和账单地址。
网站上的订单必须与电话系统的订单使用同一个数据库。	用户能够看到我们推荐的各种主题的书籍。
用户可以创建一个账号，用于保存送货地址和账单信息。	
管理员可以向网站中上架新书。	
管理员可以删除书籍。	
系统必须支持50个并发用户。	

第 21 章

验收测试

用户故事的验收测试用于确定故事是否已经完成，当测试通过后，客户可以将该部分软件接受为完成的。这意味着客户负责定义测试。通常，客户经常会从分配到该项目中的测试人员那里获得一些帮助。由于这个项目很小，没有专门的测试人员，所以 Lori 请求 Maria 和 Rafe 的协助。这样做的另一个好处是，除了产生验收测试列表之外，它还会让 Lori 和程序员之间做进一步的对话。

搜索的测试

故事卡 21.1 和故事卡 21.2 中展示了 Lori 优先放入第一个版本的搜索功能。故事卡 21.1 的测试如下。

- 用一个单词来搜索，这个单词可能不是作者名字的一部分，但是可能是书名的一部分，例如“导航”。
- 用一个单词来搜索，这个单词可能不是书名的一部分，但是可能是作者名字的一部分，例如“约翰”。
- 搜索一个既不是书名，也不是作者名字的单词，例如，“Wookie”。

用户可以进行基本简单搜索，输入的单词或者短语会同时在作者和书名中进行匹配。

故事卡 21.1

故事卡 21.2 的测试如下：

- 使用至少与一本书的作者和书名匹配的组合进行搜索。
- 使用与任何书的作者和书名都不匹配的组合进行搜索。
- 尝试使用 ISBN 进行搜索。

用户可以通过作者、书名和 ISBN 的任意组合进行搜索书籍。

故事卡 21.2

购物车的测试

故事卡 21.3 和故事卡 21.4 涉及购物车的使用。

用户可以把书籍放进“购物车”，当她想要购买的时候可以进行“购买”操作。

故事卡 21.3

在完成订单之前，用户可以从“购物车”中移除书籍。

故事卡 21.4

Lori 和程序员们讨论这些故事，并联想到一些开放性的问题：用户可以把缺货的书放入购物车吗？那些尚未印刷的书呢？另外，团队意识到故事卡 21.4 包括将商品数量更改为 0 的情况，但是没有明确的故事来描述增加某商品的数量。他们可以把这个写成一个单独的故事，于是决定撕掉故事卡 21.4，用故事卡 21.5 来代替。

这次讨论的一个重要结果是系统被简化了。他们决定不需要一个单独的故事来处理从购物车中删除一个物品，团队既提高了系统的可用性，又避免了潜在的未来工作。

用户可以调整购物车中任何商品的数量。将数量设置为 0 的商品从购物车中移除。

故事卡 21.5

故事卡 21.3 的测试如下。

- 将缺货的书放入购物车。验证系统是否会告诉用户该书将在有货时发货。
- 将尚未印刷的书放入购物车。验证系统是否会告诉用户该书将在有货时发货。

- 将库存的书放入购物车。
- 两次把同一本书放入购物车。验证书的数量是否增加。

故事卡 21.5 的测试如下：

- 将书的数量从 1 到 10 进行修改。
- 将书的数量从 10 到 1 进行修改。
- 通过将数量修改为 0 来删除书。

购买书籍

故事卡 21.6 包括书籍的实际购买。在讨论这个故事的过程中，程序员得到了客户 Lori 对一些方面的澄清。Lori 希望用户能够输入单独的送货地址和账单地址，或者表明两个地址是相同的。该网站只接受 Visa 和万事达卡。

为了购买书籍，用户需要输入她的账单地址、送货地址和信用卡信息。

故事卡 21.6

故事卡 21.6 的测试如下：

- 输入账单地址并指明和送货地址相同。
- 输入单独的账单地址和送货地址。
- 以一个州名和其他州的邮政编码进行测试，并验证系统是否能捕捉到两者的不一致性。
- 验证书籍被寄送的地址是送货地址，而不是账单地址。
- 使用有效的 Visa 卡进行测试。
- 使用有效的万事达卡进行测试。
- 使用有效的美国运通卡进行测试（失败）。
- 使用过期的 Visa 卡进行测试。
- 使用超过信用额度的万事达卡进行测试。
- 使用缺少位数的 Visa 卡号进行测试。
- 使用错位的 Visa 卡号进行测试。
- 使用完全无效的 Visa 卡号进行测试。

用户账号

故事卡 21.7 包括了创建用户账号。这张卡片的测试如下。

- 用户可以在不创建账号的情况下下订单。
- 创建一个账号，然后重新访问它，并查看信息是否已经保存。

用户可以创建一个账号，用于保存送货地址和账单信息。

故事卡 21.7

故事卡 21.8 和故事卡 21.9 允许用户修改存储在他们账号中的信息。故事卡 21.8 的测试如下。

- 编辑信用卡号，使其成为一个无效卡号。验证系统应该警告用户。
- 将过期日期编辑为过去的日期。验证更改不会被保存。
- 将信用卡号码更改为新的有效的卡号，并确保更改已被保存。
- 将到期日期更改为将来的日期，并确保更改已被保存。

用户可以编辑自己账号里面的信用卡信息。

故事卡 21.8

故事卡 21.9 的测试如下。

- 更改送货地址的各个部分，并确认更改被保存。
- 更改账单地址的各个部分，并确认更改被保存。

用户可以编辑自己账号里面的送货地址和账单地址。

故事卡 21.9

管理

故事卡 21.10 允许管理员在网站上上架新书。这个故事的测试如下。

- 测试管理员可以将书籍上架到网站。
- 测试非管理员不能上架书籍。
- 测试只有在必需的数据存在时才能上架书籍。

管理员可以向网站中上架新书。

故事卡 21.10

故事卡 21.11 允许管理员删除书。这个故事的测试如下。

- 验证管理员可以删除书籍。
- 验证非管理员不能删除书籍。
- 删除一本书，然后确认购买本书的未完成订单仍将出货。

管理员可以删除书籍。

故事卡 21.11

故事卡 21.12 允许管理员更改关于书籍的信息。当程序员和 Lori 讨论故事卡 21.12 时，他们讨论如何处理那些订购的书的价格已经发生变动，但是仍然没有发货的订单。这成为故事的测试之一。

- 验证书名、作者，页数等图书信息，可以被更改。
- 验证价格可以更改，但价格变化不会影响以前的订单（但是尚未入账和尚未发货的订单）。

管理员可以编辑已上架书籍的信息。

故事卡 21.12

测试约束

在 Lori 优先排入发布的故事中，有两个约束，分别是故事卡 21.13 和故事卡 21.14。

网站上的订单必须与电话系统的订单使用同一个数据库。

故事卡 21.13

系统必须支持 50 个并发用户。

故事卡 21.14

故事卡 21.13 的唯一测试是检查数据库，并确认从网站提交的订单保存在数据库中：

- 提交订单。打开电话订单录入数据库，并验证订单是否会保存在该数据库中。

Lori 拿过故事卡 21.14，翻过故事卡写下如下内容。

- 测试 50 个模拟用户，进行各种搜索并提交订单。确保界面显示出来没有超过 4 秒钟，并且不会丢失订单。

最后一个故事

最后一个故事是故事卡 21.15。

用户能够看到我们推荐的各种主题的书籍。

故事卡 21.15

Lori 和开发人员讨论故事卡 21.15，并将其定义为一个简单的静态页面，其中包括针对各种主题的推荐列表。他们写出如下这些测试。

- 选择主题（例如，导航或者巡航），并查看该主题的推荐。确保它们容易理解。
- 单击列表中的推荐项，验证浏览器会跳转到相关书籍的信息页面。

第V部分　附　　录

要读懂本书并从中受益，不必首先精通极限编程。但是，由于用户故事起源于极限编程，所以附录 A 对极限编程进行了简要介绍。附录 B 包含各章节结束后思考练习题的参考答案。

附录 A

极限编程概述

本附录简要介绍极限编程（Extreme Programming，XP）的主要思想。如果你已经熟悉极限编程，则可以跳过本附录。如果没有，可以根据本附录概要了解极限编程，然后继续阅读相关的书籍进一步了解。[①]

我们首先了解极限编程项目中涉及的人员（或者角色）。接下来我们来了解极限编程的12 个主要实践。最后，我们思考极限编程团队的价值。

角色

极限编程客户角色负责编写故事，对故事进行优先级排序以及编写和执行测试，用来验证故事是按照预期开发的。极限编程客户可能是正在构建的系统的用户，但这不是必需的。如果不是用户，极限编程客户通常是产品经理、项目经理或者业务分析师。

在一些项目中，客户角色可能实际上由客户团队来充当，客户团队由多个高度关注的个人组成。客户团队通常会包含协助创建验收测试的测试人员。当一个项目有多个客户时，重要的是他们达成共识，用一个声音说话。他们可以通过多种方式实现这一目标，但通常通过将客户团队中的一个人指定为带头人。

---

① 参见《极限编程解析》（*Extreme Programming Explained: Embrace Change*，Beck 2000），《极限编程进阶》（*Extreme Programming Installed*，Jeffries, Anderson, and Hendrickson 2000）或《极限编程探究》（*Extreme Programming Explored*，Wake 2002）。

极限编程中，程序员角色具有广泛的技术技能。极限编程项目往往不会区分程序员、设计师和数据库管理员等等。所有程序员都作为团队的成员参与工作，并共同承担责任，在非极限编程项目中这些责任可能会分配给特定个人。几乎所有的过程都期望程序员能够对他们的代码进行单元测试；极限编程认真对待这种期望，并期望程序员为他们写的所有内容开发自动化单元测试。

最后，许多极限编程团队从使用极限编程教练和可能的项目经理中受益。这些角色有时会合并成一个人。教练负责监控团队使用极限编程的实践，并在他们偏离时轻轻地把他们推回正轨。项目经理比经理领导能力更强，负责让团队避免官僚作风，并尽可能消除障碍。

12 个实践

在肯特（Kent Beck）原创的“白皮书”（Beck 2000）中，描述了极限编程的特征——12 个实践。如果你选择在一个项目上尝试极限编程，那么我们强烈建议你采用所有的实践。极限编程的 12 个实践高度协同和相互依存，实践互相支持并且彼此使能。例如，通过实践结对编程，简单设计，集体代码所有权，持续集成和测试，实践重构变得更加容易。这 12 个实践并不是好想法的随机收集，极限编程团队可以从中挑选他们的最爱。团队在能够经验丰富的使用极限编程之后，可以选择放弃或者改变某个实践，但在熟悉标准的极限编程之前，应该尽量避免自己定制化。

在本附录中，我们将了解以下 12 个极限编程实践：

- 小发布（small releases）
- 计划游戏（the planning game）
- 重构（refactoring）
- 测试（testing）
- 结对编程（pair programming）
- 持续一致的节奏（sustainable pace）
- 集体代码所有权（team code ownership）
- 编码标准（coding standard）
- 简单设计（simple design）
- 隐喻（metaphor）
- 持续集成（continuous integration）
- 现场客户（on-site customer）

小发布

极限编程项目在一系列迭代中推进进展，每次迭代通常长达 1~3 周。用户故事所描述的功能，在一次迭代中完全实现交付。团队不允许交付功能的一半。同样，团队也不允许提供的质量标准只达到一半，所谓“完整”的功能。在每次迭代结束时，团队负责交付可工作的，可以立即投入使用通过测试的代码。

在项目开始时，团队选择项目期间使用的迭代长度。迭代长度通常为 1 周或者 2 周，不超过 4 周。团队应该尽可能选择短的迭代长度，但要仍然能为企业提供可见的价值。在两次迭代长度之间选择时，选择时间较短的一个。

迭代是固定的时间盒。团队不能到迭代周期的最后一天时决定他们还需要两天时间来完成未完成的工作。迭代在预定日期结束。可以调整团队的工作量（但不是工作的质量）以适应迭代。

计划游戏

“计划游戏”是用来在极限编程中进行发布计划和迭代计划的，开发人员和客户在此期间共同对未来进行预测。在开始计划之前，客户已经在卡片上写下了用户故事，开发人员已经估算了每个故事的成本或者大小规模，并将估算值写在了故事卡上。

开始计划时，开发人员估算在为该项目选择的迭代长度中他们可以完成多少工作。然后，客户浏览所有的故事卡，并选择最重要的故事放入第一次迭代中。允许客户选择的故事工作量总和，达到但不能超过开发人员估算的他们可以在一次迭代中完成的工作量。一旦第一次迭代完成后，客户就会选择故事进入第二次和以后的迭代。

经过若干次迭代计划后，由客户决定是否有足够的故事放入了迭代，这些迭代共同定义了一个发布版本。几乎可以肯定，发布计划不能准确反映哪些故事将要开发以及故事开发的先后顺序。发布计划是关于开发如何进行的假设，但随着迭代开始，优先级改变，团队速率的更加明确，开发人员更加了解每个故事的实际预期成本，可以更新发布计划。

在每次迭代开始之前，团队和客户都计划迭代。这包括选择可以在迭代中完成的最高优先级故事，然后识别完成故事所需的特定任务。

重构

重构（Fowler 1999; Wake 2003）是指重组或者重写代码，在不改变其外部行为的情况下改善代码。随着时间的推移，代码会变得很难看。为一个目的而设计的单一方法稍微改变，以处理特殊情况。然后，由于它已经处理了这个特殊的情况，它将再次更改以处理另一个特殊的情况。诸如此类，直到这个方法变得太脆弱，无法进行进一步的修改。

极限编程提倡持续关注重构。每当程序员对应该重构的代码进行修改时，就需要重构它。不是鼓励程序员重构；而是必须重构。通过这种方式，代码避免了缓慢的、有时很难检测到的最终导致过时的衰变。

重构是极限编程用来代替预先设计的技术之一。极限编程系统不是先花时间预先思考系统，而是先进行编码，对其行为的某些方面进行猜测，不断重构系统，并确保符合当前已知的实现的需求。

测试

极限编程一个令人兴奋的实践是注重测试。在极限编程项目中，开发人员编写自动化单元测试，客户写验收测试，通常情况下，这些测试由客户自己或者在开发人员的帮助下自动化进行。许多极限编程开发人员确实发现了早期和频繁测试的好处。此外，开发人员对测试的抵触已经下降，因为极限编程的单元测试通常通过编写测试代码来实现自动化，也就是说，即使是在测试，他们也在编程。

在传统开发过程中，测试是在代码编写之后编写的（如果确实会编写测试的话）。这是一个问题，因为一旦编写了代码，并且能够工作后，出于人为因素，不太会去完善代码。因此，许多开发人员只是轻描淡写地测试一下自己的代码（我知道这一点：我曾经是其中的一员）。极限编程改变了这一点，并将测试先行的实践称之为“测试驱动开发”（Test-Driven Development）（Beck 2003; Astels 2003）。

在测试驱动开发中，测试是在编码之前编写的。开发人员遵循“测试-编码-测试-编码”的短周期（几分钟，而不是几小时）。他们遵循一条规则，除了回应失败的测试以外，不可以写入任何业务代码。所以，他们先编写一个失败的测试。运行程序以验证测试会失败。只有这样做了，程序员才编写代码，使程序通过测试。

测试驱动开发可以保证代码保持良好的状态和可测试性。由于代码从一开始就有效地处于维护模式，因此它有助于产出更易维护的代码。

除了程序员的单元测试，客户测试是极限编程的重要组成部分。对于每个故事，客户都有责任定义一系列测试，用于确定故事是否根据客户的期望和假设开发完成。在许多方面，这些客户编写的验收测试取代了瀑布过程的需求文档。

结对编程

极限编程最具争议的实践之一是结对编程。结对编程是指两个程序员共享一个键盘和一个显示器，但是使用他们两个大脑来共同编写代码。当一个程序员在键盘上打字（并且在他的代码中提前几行思考时），第二个程序员正在观察开发的代码，并且更广泛地思考，代码会在哪里导致什么样的问题。结对时，角色和合作伙伴经常会转换。

虽然结对编程听起来效率很低，但 Alistair Cockro and Laurie Williams（2001）已经研究过，发现情况并非如此。他们发现，对于总体编程时间增加 15%而言，结对编程带来了以下好处。

- 更低的缺陷数量。
- 解决相同的问题编写的代码更少。
- 解决问题更快。
- 理解每一段代码的人更多。
- 提高了开发人员的工作满意度。

结对编程对于极限编程非常重要，因为许多其他极限编程实践都需要规则来保证。每次注意到结构不好的代码或者在编写业务代码之前总是编写测试的时候，它需要大量的规则来做重构。如果没有结对，而只考虑“就这一次……”就很容易跳过重构或者测试。

持续一致的节奏

极限编程鼓励团队以持续一致的节奏工作。我们的信念是，相对于一个长期无法维持稳定速率工作的团队，极限编程团队以稳定而快速的步伐前进，在一段时间内将获得更多的成果。这并不是说一个极限编程团队每周工作正好 40 个小时，然后回家。团队中的不同成员可能会有不同看法，所以由团队来决定他们的持续速率。

结对编程和测试驱动开发非常有效，因为它们非常强烈地将两个结对人员的头脑集中在他们正在创建的代码上。很少有人能够长时间保持这种强度。一个团队通常每天会花费大约六个小时进行结对，其余时间将用于其他活动。

极限编程教练负责监控团队的倦怠状况。如果教练意识到团队太劳累，她将帮助团队以可持续的节奏回归正常。

集体代码所有权

在非极限编程团队中，个人开发人员常常“拥有”或者承担系统部分代码的全部责任。

通过这种方式，系统的每个部分都将由一个开发人员拥有，至少直到某位开发人员转移到另一个项目上，她的代码还是没有负责人。这种对个体代码所有权的观点也会引导团队做出这样评论，例如“在 Eli 休假回来之前，我们无法修改计费模块的源代码”。此外，如果开发人员在 Eli 休假期间修改了他的代码，Eli 回来后可能会对“他的代码”被修改感到愤怒。

极限编程团队采用完全不同的方法来实现代码所有权：所有代码均由所有人拥有。在这种团队所有权模式下，任何结对的开发人员都可以修改任何代码。事实上，由于重构的实践，结对人员需要修改其他人写的代码。

个人所有权用以确保一致的设计，并保持模块所有责任的均衡。在极限编程中，这种重担由测试驱动开发来承担。一套健壮的单元测试可以确保修改不至于造成无法预料的副作用。

编码标准

由于极限编程团队集体拥有他们的源代码，因此遵循一个编码标准非常重要。编码标准列出了编写代码时团队成员将遵循的主要规则和约定：如何命名变量和方法？ 如何格式化代码行？等等。

一个小型紧密的团队可能没有书面的，正式的编码标准。他们可以通过团队的习惯创建并共享标准。除了少数开发人员外，大多数团队都会从书面的编码标准中受益，但仍然要尽可能保持其简洁和重要性。

简单设计

极限编程团队追求的目标是使用最简单的设计，提供客户所需的功能。Kent Beck（2000）定义了四个约束条件，用以表明设计是最简单的。

1. 业务代码和测试代码充分传达程序员对该代码行为的意图。
2. 没有重复代码。
3. 系统使用最少数量的类。
4. 系统使用最少数量的方法。

隐喻

极限编程团队通过寻找一个可以用于整个系统的隐喻来支持对简单设计的追求。这个隐喻为他们如何思考系统提供了一个参考体系。例如，在一个项目中，我们的隐喻是系统就像一块黑板，系统的各个部分都可以写在黑板上。当用户完成工作时，她会保存黑板上的内容或者将其删除。这样考虑系统的方式极为简单，为我们提供了一种方便的、简单的方式来思考系统的行为。

持续集成

我最近与一家最大规模之一的电子商务公司的高管进行了讨论。他告诉我说，集成多个开发人员的工作是大多数软件开发团队面临的最大问题。他喜欢让他的团队每月集成一次他们的软件，这样他们就可以避免较少集成所引发的更大问题。我问他如果他的团队每天都进行集成，会发生什么。

极限编程团队知道答案，他们至少每天都会集成。我们很久以前就了解到每日构建和冒烟测试的好处（Cusumano and Selby 1995）。极限编程团队已经采取这种方式，或多或少都会对代码进行持续集成。例如，开发人员完成一个小小的修改，她将修改签入源代码库，有一个进程注意到修改然后启动一个完整的构建。当构建完成时，将运行一套自动化测试。如果任何测试失败，都会有电子邮件发送给开发人员，并告知失败的信息。出现集成问题时，每次只需要少量的修改就能够解决。

现场客户

过去，客户通常会编写一份需求文档，然后跨墙把文档扔给编写代码的程序员，程序员然后跨墙把系统扔给测试人员。随着使用了极限编程，职能间的墙壁已经消失，客户与开发团队坐在一起，并成为其中的一员。客户编写故事和验收测试，并在出现问题时立即回答。

由于客户和开发人员之间必须进行许多对话，所以现场客户对于成功使用用户故事方法至关重要。如果客户不在现场，延迟将破坏极限编程团队所预测的进展。

极限编程的价值

除了 12 个实践，极限编程提倡 4 个价值：沟通（Communication）、简单（Simplicity）、反馈（Feedback）和勇气（Courage）[①]。极限编程重视沟通，但不是所有的沟通方式都有同样的效果。最理想的是面对面的沟通，我们可以现场讨论、回应、做手势并在白板上画

---

① 中文版编注：后来还增加了第 5 个“谦逊”（Modesty）。

画。较不可取的是书面文件。极限编程通过诸如结对编程这样的实践来强调沟通。

简单是极限编程团队的价值，因为它将重点放在解决当下问题上，而不是关注未来预期的问题。极限编程团队只开发当前迭代所需的功能，而不会去架构一个支持其他功能的系统。他们一直专注于做最简单的、可行的事情。

极限编程团队重视反馈，反馈越及时越好。在结对编程时，当一个开发人员指出结对伙伴的潜在问题时，前者给出反馈，后者获取反馈。他们从经常执行的自动化测试中获得反馈。他们从持续或者至少是每天的集成的过程中获得反馈。客户是团队的一份子，甚至与开发人员坐在一起，他们通过与团队的持续交互以及通过编写验收测试来提供反馈。

最后，极限编程团队重视勇气。例如，他们有勇气重构他们的代码，因为他们有自动化测试来支持这种勇气。他们有勇气在没有整体细致架构的情况下前进，因为他们将使用隐喻，并通过重构和测试驱动开发来维护简单的设计。

极限编程的原则

除了价值和实践之外，极限编程具有 5 个基本原则：快速反馈（Rapid feedback）、假设简单（Assuming simplicity）、增量变化（Incremental change），拥抱变化（Embracing change）以及进行高质量工作（Doing quality work）（Beck 2000）。自从极限编程引入以来，如果他们仅仅执行 12 个实践中的 11 个，就会引发团队是否在做极限编程的争论。团队如果不使用结对编程是不是在做极限编程？团队在实践简单设计，但是花了几周进行建模是在做极限编程吗？

我认为答案是肯定的。如果他们遵循了极限编程的原则，就表明团队在做极限编程，他们会有以下行为表现。

- 向客户提供快速反馈，并从反馈中学习。
- 倾向于简单，并且在转向更复杂的解决方案之前总是尝试简单的解决方案。
- 通过小的增量变化来改进软件。
- 拥抱变化，因为他们知道自己是真正地善于调节和适应。
- 坚决主张，软件始终如一地展现出最高水准的质量工艺水平。

毫无疑问，这肯定是在做极限编程，即使他们缺少了一两个实践。

小结

- 极限编程客户角色负责为每个故事编写故事和验收测试，并与开发团队合作。
- 在极限编程项目中，程序员和测试人员之间的区别是模糊的。程序员写自己代码的单元测试；测试人员编码自动化验收测试。
- 极限编程项目包括一个教练，也可能是一个单独的项目经理，负责指导团队和排除障碍。

极限编程包括如下实践：

- 小发布
- 计划游戏
- 重构
- 测试驱动开发
- 结对编程
- 持续一致的节奏
- 集体代码所有权
- 编码标准
- 简单设计
- 隐喻
- 持续集成
- 现场客户

包括如下价值观：

- 沟通
- 简单
- 反馈
- 勇气

包括如下原则：

- 快速反馈
- 假设简单
- 增量变化
- 拥抱变化
- 高质量工作

附录 B

各章思考练习题参考答案

第 1 章　概述

1.1　用户故事的三个部分是什么？

答案：卡片、对话和确认。

1.2　客户团队中包括哪些人？

答案：客户团队包括那些确保软件能够满足其预期用户需求的人员。可能包括测试人员，产品经理，真实的用户和交互设计人员。

1.3　下面这些是好的用户故事吗？为什么？

a. 用户能够在 WINDOWS XP 和 Linux 上运行系统。

答案：这是一个好故事。

b. 所有的图形和图表都将使用一个第三方库来完成。

答案：这不是一个好故事。用户不关心图形和图表是怎样实现的。

c. 用户可以撤销多达 50 个命令。

答案：这是一个好故事。

d. 该软件将于 6 月 30 日发布。

答案：这不是一个好故事。这是计划发布时需要考虑的一个约束条件。

e. 该软件将用 Java 编写。

答案：这可能不是一个好故事，但它取决于产品。如果产品是面向 Java 程序员的类库，那么这些用户就会关心语言。

f. 用户可以从下拉列表中选择她的国家。

答案：这是一个好故事，但是可能有些小。

g. 该系统将使用 Log4J 将所有错误消息记录到一个文件中。

答案：这不是一个好故事。它不应该指定将 Log4J 用作日志记录机制。

h. 如果用户 15 分钟还没有保存操作，系统就会提示用户保存她的工作。

答案：这是一个好故事。

i. 用户可以选择“导出到 XML”的特性。

答案：这是一个好故事。

j. 用户可以将数据导出为 XML。

答案：这是一个好故事。

1.4 需求对话比需求文档有哪些好处？

答案：书面文档无法回溯支持精确度。使用卡片的用户故事提示保持对话，能够避免高精度错误的出现。把事情写下来并不能保证客户得到他们想要的；在最好的情况下，他们会得到写下来的东西。频繁的对话，特别是对正在开发实现的特性进行相关讨论，会导致开发人员和客户之间更好的达成共同理解。

1.5 为什么要在故事卡的背面写测试？

答案：在卡片的背面写测试是一个很好的方法，可以让客户传达她对一个故事的期望和假设。

第 2 章　编写故事

2.1　对于下面的故事，请指出它是否是个好故事。如果不是，为什么？

a. 用户可以快速掌握系统。

答案：这个故事应该修改。“快速”和“掌握”都没有定义清楚。

b. 用户可以在简历上编辑地址。

答案：这个故事可能太小了，但它可能是可以的，这取决于它可能需要多长时间来实现。

c. 用户可以添加、编辑和删除多个简历。

答案：这是一个复合故事，应该进一步拆分成多个故事。

d. 系统可以计算正态变量中二次型分布的鞍点近似值。

答案：如果客户写了这个故事，那么她可能知道它的意思。但是，如果开发人员不理解这个故事，那么客户应该考虑重写它（或者至少对此有一个很好的沟通），以便开发人员可以估算它。

e. 所有运行时错误都以一致的方式记录。

答案：这是一个好故事。

2.2　将这一史诗拆分成适当大小的组件故事:“用户可以设置和更改自动化求职搜索。”

答案：这个史诗至少应该拆分成两个故事，一个是设置，一个是改变代理。但是，根据故事可能需要实施的时间长短，它可能会以多种不同的方式拆分。一种可能的拆分如下。

- 用户可以创建自动求职搜索。
- 用户可以编辑自动求职搜索的参数。
- 用户可以更改自动求职搜索运行的时间。
- 用户可以更改自动求职搜索的报告结果。

第 3 章　用户角色建模

3.1　看一下 eBay 网站，你能识别出哪些用户角色？

答案：你的列表应该包括一些以下类似的角色：一次性卖家，小卖家，频繁卖家，不经常的买家，频繁买家，公司卖家，制造商，付款处理商，收藏者，俱乐部会员，软件开发商，加盟商，无线用户等。

3.2　聚合你在前一个问题中提出的角色，并展示你将如何布置角色卡片。并解释你的答案。

答案：从我的列表中，我把卖家变成了一个普通的卖家角色，还有三个更专业的卖家：小卖家、频繁卖家和公司卖家。同样，我有一个通用的买方角色，专门保留了不经常的买家，频繁买家和收藏者。我还保留了付款处理商，加盟商和一个通用的无线用户。

3.3　为其中最重要的用户角色编写用户画像描述。

答案：Brenda 是一位频繁买家。在一周中，她每天至少访问一次网站，并且每周平均购买一到两次。她通常购买电影和书籍，但她也购买园艺和厨房用品。她是一名房地产经纪人，在我们网站上感觉非常舒适，但不太习惯学习大多数新软件。她通常在家中通过拨号连接访问网站，但偶尔会在她的办公室以更快的速度连接访问网站。

第 4 章　收集故事

4.1　如果一个团队只通过问卷调查来收集需求，你认为会有什么问题？

答案：问卷调查可能需要很长时间才能完成，因此项目需要花费较长时间才能完成。需要有人汇总和解释结果，这意味着会出现一定程度的误解。由于调查问卷不提供真正的双向沟通，因此团队很难获得关于其是否正确的反馈。

4.2　将以下问题改为上下文无关的和开放式的问题。

a. 你认为用户应该输入密码吗？

答案（示例）：描述系统如何保护敏感数据。

b. 系统应该每 15 分钟自动保存一次用户的工作吗？

答案（示例）：如果用户在使用系统时崩溃，用户会怎么做？

c. 一个用户能看到另一个用户保存的数据库条目吗？

答案（示例）：告诉我用户保存数据的可访问性。

4.3 为什么最好问一些开放式的问题和上下文无关的问题？

答案：上下文无关的问题并不意味着答案（“你什么时候停止打你老婆的？”），所以被调查者不觉得有必要给出“正确”的答案。开放式问题允许详细的回答，超出了简单的是或者不是。开放式的、无限制的问题是最好的，因为它们不影响响应，它们允许的响应范围比“是”或者“不是”更加广泛。

第 5 章 与用户代理合作

5.1 使用用户的经理作为用户代理可能会产生哪些问题？

答案：即使用户的经理是该软件的当前用户，她的需求几乎肯定不等同于用户的需求。更糟的是，如果她是以前的用户，那么她对系统的知识已经过时了。

5.2 使用领域专家作为用户代理可能会产生哪些问题？

答案：一个问题是领域专家可能不是系统的用户。如果她是的话，那么她对系统的使用可能与不太专业的用户不同。第二个问题是，最终可能会得到一个对专家来说非常完美的系统，但是那些没有掌握专家级别领域知识的人可能无法使用这个系统。

第 6 章 用户故事验收测试

6.1 哪些人负责定义测试？ 哪些人负责提供帮助？

答案：客户定义测试。客户通常会与程序员或者测试人员一起工作，实际创建测试，但最低限度地，客户需要定义测试，这些测试将用于知道何时正确开发了一个故事。

6.2 为什么在故事编码之前来定义测试？

答案：测试是在编码开始之前定义的，因为把它们用来和客户沟通对新功能的假设，是一种有用且有效的方法。

第 7 章 好故事编写指南

7.1 假设故事“求职者可以搜索未完成的工作”太大了，不适合一次迭代完成。你会如何拆分它？

答案：这个故事可能会根据支持的搜索参数进行拆分，例如地点，关键词，职位名称，薪资等。此外，可能有不同的方式来呈现结果。

最初的故事可能会涵盖每个匹配职位非常简单的列表。这个故事可以增加一个新故事来增强结果的显示，也许每个职位都有更多的细节，允许用户选择排列顺序或者显示的字段，或者提供关于职位更多细节的链接。

7.2 以下哪些故事大小合适，并且可以视为一个封闭的故事？

a. 用户可以保存她的偏好。

答案：根据系统的不同，这个故事可能是封闭的，也可能不是封闭的。如果保存偏好是用户想要做的，那么它可以被认为是封闭的。故事可能偏小，但是可能也是可以的，这取决于系统和团队如何构建它。

b. 用户可以更改用于购买的默认信用卡的信息。

答案：这是一个封闭的，而且大小合适的故事。

c. 用户可以登录到系统。

答案：这不是一个封闭的故事，而且太小了。

7.3 怎样简单的调整改进故事“用户可以发布他们的简历”？

答案：正如所写的，不清楚用户是否可以发布若干个简历。这无疑会在关于这个故事的讨论中出现，但最好把这个故事写得更清楚一些，因为“求职者可以发布一份或者多份简历”。

7.4 如何测试约束条件“该软件易于使用”？

答案：为了测试这个，你必须首先定义“易于使用”的含义。这是否意味着熟练的用户可以用最少的击键次数完成常见任务？或者这是否意味着新用户可以快速达到软件的熟练使用程度？最常见的是指后者。如果是这样，请定义一个或者多个测试，例如：

- 新用户可以搜索工作，在系统上注册，并在首次查看系统 30 分钟内发布简历。

这样的测试不能作为项目每晚构建的一部分来执行，但可以通过偶尔进行的可用性测试来验证这些测试，在测试过程中新用户可以看到软件并观察。

第 8 章　估算用户故事

8.1　在估算会议期间，三位程序员正在估算一个故事。他们分别展示了 2 个，4 个和 5 个故事点的估算值。他们应该使用哪个估算值？

答案：他们应该继续讨论这个故事，直到他们的估算值更接近为止。

8.2　三角测量估算的目的是什么？

答案：三角测量通过确定每一个估算值与其他估算值的关联关系，从而改进了估算。如果一个 2 个点的故事 2 倍于一个 1 个点的故事，那么它也应该是一个 4 个点故事的 1/2。

8.3　请定义速率。

答案：速率是团队在一次迭代中完成的故事点数的总和。

8.4　A 团队在最近两周的迭代中完成了 43 个故事点。B 团队正在开发一个单独的项目，并且拥有两倍的开发人员。他们在最近两周的迭代中也完成了 43 个故事点。为什么会这样？

答案：一个团队的故事点不能与其他团队的故事点横向对比。从这个问题的信息来看，我们不能推断 A 队的效率是 B 队的两倍。

第 9 章　发布计划

9.1　估算团队初始速率的三种方法是什么？

答案：可以使用历史值、猜测或者运行初始迭代，使用该迭代的速率。

9.2　假设团队进行为期一周的迭代，由 4 名开发人员组成，如果团队的速率为 4，那么需要多少次迭代才能完成具有 27 个故事点的项目？

答案：团队速率是 4，项目具有 27 个故事点，项目将需要团队 7 次迭代才能完成。

第 10 章　迭代计划

10.1　将该故事分解出构成的任务:用户可以查看关于酒店的详细信息。

答案：当然，有很多方法可以分解，一个示例如下。

- 设计这些网页的外观。
- 编码 HTML 以显示酒店和客房照片。
- 编码 HTML 以显示显示酒店位置的地图。
- 编码 HTML 以显示酒店设施和服务列表。
- 弄清楚我们如何生成地图。
- 编写 SQL 以从数据库检索信息。
- 等等。

第 11 章　度量和监测速率

11.1　1 个故事估算为 1 个故事点，实际花了 2 天时间才完成。在迭代结束计算速率时该故事对速率的贡献是多少？

答案： 1 个故事点。

11.2　你能从每日燃尽图中看到哪些在发布燃尽图中看不到的内容？

答案： 每日燃尽图显示了迭代过程中团队的进度。可以使用此信息来衡量所有计划的工作在迭代结束时是否能够完成。如果很明显不是所有的工作都可以在迭代内完成的话，团队和客户可以在迭代期间讨论应该推迟哪些工作。

11.3　你应该从下图中得出什么结论？这个项目看起来会如期完成吗？

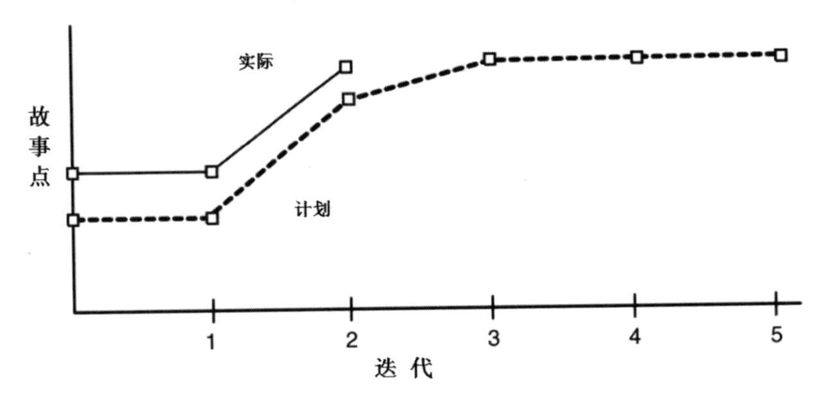

项目将要提前完成？延后完成？还是按照计划完成？

答案： 在第一次迭代中，这个团队的开始比预期的要好一点。他们期望在第二和第三次迭代中速率得到改善，然后稳定下来。经过两次迭代，他们已经达到了他们预期的第三次迭代的速率。在这一点上，他们比计划提前了，但是不能仅仅依据两次迭代就得出太多的结论。

11.4　在下表 11.3 中完成迭代的团队速率是多少？

迭代中完成的故事

故事	故事点	状态
故事 1	4	完成
故事 2	3	完成
故事 3	5	完成
故事 4	3	完成一半
故事 5	2	完成
故事 6	4	没有开始
故事 7	2	完成
速率	23	

答案：16。部分完成的故事不会为速率做出贡献。

11.5　什么情况会导致发布燃尽图反映出一个向上的趋势？

答案：如果新工作的增加速率超过已知工作的完成速率，或者团队认为大量未来的工作被低估，则发布燃尽图将趋势向上。

11.6　填充完成表 11.4 中的空格。

答案如下。

填写表中的空格

	迭代 1	迭代 2	迭代 3
迭代开始时的故事点数	100	76	34
迭代完成的故事点数	35	40	36
修改后的估算值	5	−5	0
增加的新故事点数	6	3	4
迭代结束时剩余的故事点总数	76	34	0

第 12 章　用户故事不是什么

12.1　用户故事和用例之间的关键区别是什么？

答案：用户故事通常包含的范围比用例小。用户故事不包括用例的细节。用户故事在迭代中实现之后就失去作用；用例通常用作项目的永久工件。

12.2　用户故事与 IEEE 830 需求规格之间的关键区别是什么？

答案：IEEE 830 样式的需求规格关注在解决方案的属性上，而用户故事关注用户的目标。IEEE 830 需求规范鼓励团队以前瞻性的方式编写所有需求规格，而用户故事鼓励以迭代的方式来编写。在编写需求规格时要格外小心，要确保这些词语能够表达正确的含义；用户故事承认对话用来澄清细节具有优势。

12.3　用户故事和交互设计场景之间的关键区别是什么？

答案：交互设计场景比用户故事描述的更详细，经常描述系统使用的角色和上下文。此外，通常情况下，场景描述的范围比用户故事的更广。

12.4　对于一个重要的项目，为什么不可能在项目开始时编写出所有需求？

答案：试图在项目开始时写出所有需求会忽略一个重要的反馈循环：当系统的预期用户开始看到系统并与之交互时，就会想到新的需求。

12.5　与列出要构建的软件的特性列表相比，考虑用户的目标有哪些优势？

答案：属性列表并不能让读者对故事和对话所做的产品有全面的了解。另外，如果我们的工作是由一系列产品属性驱动的，那么当我们做得最好时，我们可以说所交付的产品具有列表中的属性。这与交付的产品满足了用户的所有目标完全不一样。

第 13 章　用户故事的优点

13.1　使用用户故事描述需求 4 个好的理由是什么？

答案：用户故事强调口头沟通，每个人都能理解，大小合适进行计划，支持迭代开发，鼓励推迟细节，支持随机应变的设计，鼓励参与式设计，增强隐性知识。

13.2　列举使用用户故事的两个不足。

答案：在大型项目中，要组织好成百上千的故事是很困难的；为了保持可追溯性，可能需要增加其他文档；而且，虽然通过面对面的沟通能够显著提高隐性知识，但对话并没有充分扩展到能够完全取代大型项目的书面文档。

13.3　参与式设计和体验式设计之间的关键区别是什么？

答案：在参与式设计中，系统的预期用户成为设计该系统行为的团队的“队友”。在经验式设计中，设计人员会对预期的用户进行研究或者观察，然后进行所有的设计决策。

13.4　“所有多页报表应该编号”这个需求语句有什么问题？

答案：目前还不清楚“应该编号”的含义。这是否意味着程序员应该编写这个功能，但不是必须要有的？如果页面上有空间，是否意味着页面应该加页码？

第 14 章　用户故事的不良“气味”

14.1　如果团队一直难以计划下一次迭代，应该怎么办？

答案：可能有其他原因，但是你应该考虑是不是太多的故事相互之间的依赖过于严重，或者故事太小或者太大了。

14.2　如果团队觉得故事卡太小以至于写不下用户故事，应该怎么办？

答案：他们应该使用更小的卡片来加强对细节的限制。

14.3　是什么原因可能导致客户难以对故事进行优先级排序？

答案：这些故事可能大小不合适（要么太大，要么太小），或者故事可能对用户或者客户没有明确的价值。

14.4　怎么判断是否拆分了太多的故事？

答案：你必须依靠直觉。故事常常被合理地拆分，因为它们在开始的时候被有意写成史诗，或者因为它们太大而不适合进入迭代。如果发现自己经常因为其他原因拆分故事，你可能这样做得太频繁了。

第 15 章　在 Scrum 项目中使用用户故事

15.1　描述增量和迭代过程之间的差异。

答案：迭代就是通过连续完善而取得进展的一个过程。增量就是软件逐部分完成构建和交付。

15.2　产品待办列表和 Sprint 待办列表之间的关系是什么？

答案：在 Sprint 开始时，条目从产品待办列表移到 Sprint 待办列表中。

15.3　什么是潜在的可交付的产品增量？

答案：在每次 Sprint 结束时，Scrum 团队负责产出潜在的可交付的产品增量。该软件经过编码，测试并可以提供给用户。

15.4　谁负责确定工作的优先级顺序？谁负责在 Sprint 中选择团队的工作？

答案：产品负责人确定工作的优先级顺序，但是团队选择他们在 Sprint 中的工作。当然，他们会从最优先的条目中选择团队的工作。

15.5　在每日 Scrum 站会中，团队成员要回答哪些问题？

答案：昨天完成了什么，今天准备完成什么，遇到了什么障碍。

第 16 章　其他主题

16.1　应该如何处理系统扩展支持 1000 个并发用户使用的需求？

答案：你应该把它写成一个约束，然后用适当的测试来完善它。根据系统的不同，可以从一次迭代中开始对 100 个并发用户进行测试，并通过多次迭代逐步将其增加到 1,000 个用户。

16.2　你喜欢在纸质卡片上还是在软件系统上编写故事？请说明一下。

答案：纸质卡片的低技术、简单性使其成为许多项目的理想选择。纸质卡片提供了有限的空间，这有助于保持故事的简短。因为纸质卡片可以轻松地在桌子或者墙上放置移动，所以它们非常适合做计划。然而，一个没有配置或者有严格追溯要求的团队可能更喜欢使用软件。

16.3　迭代过程对应用程序的用户界面有什么影响？

答案：系统的迭代细化会使用户更难了解系统。当菜单系统改变或者功能出现在不同的地方，用户必须重新学习他们的系统。

16.4　列举一些例子，说明在系统前期考虑用户界面比敏捷项目的做法具有更多好处？

答案：例子如下。

- 在一个成熟行业中的一个商业产品通过易用性来竞争。
- 针对新手用户的软件。
- 软件很少使用，但在紧张时期（比如准备申报所得税的时候）例外。
- 针对低视力用户或者有运动障碍的用户的软件。

16.5　开发完故事后，你建议销毁故事还是保留故事？请加以说明。

答案：略。

参考文献

图书和文章

[1] Adolph, Steve, Paul Bramble, et al. *Patterns for Effective Use Cases*. Reading, Mass.: Addison-Wesley, 2002. 中文版《有效用例模式》

[2] Antón, Annie I., and Colin Potts. “The Use of Goals to Surface Requirements for Evolving Systems,” in Proceedings of the 20th International Conference on Software Engineering (ICSE 98), April 1998: 157–166.

[3] Astels, Dave. *Test Driven Development: A practical guide*. Upper Saddle River, N. J. : Prentice Hall, 2003. 中文版《测试驱动开发》

[4] Beck, Kent. *Extreme Programming Explained: Embrace change*. Boston: Addison-Wesley, 2000. 中文版《解析极限编程》

[5] ———. *Test Driven Development*. Reading, Mass.: Addison-Wesley, 2003. Beck, Kent, and Martin Fowler. *Planning Extreme Programming*. Reading, Mass.: Addison-Wesley, 2000.

[6] Beedle, Mike, et al. “SCRUM: A Pattern Language for Hyper productive Software Development.” In Neil Harrison et al. (Eds.), *Pattern Languages of Program Design* 4. Addison-Wesley: 1999, pp. 637–651. 中文版《程序设计模式语言・卷 4》

[7] Boehm, Barry. “A Spiral Model of Development and Enhancement.” *IEEE Computer* 28, no. 5 (May 1988): 61–72.

[8] ———. *Software Engineering Economics*. Englewood Cliffs, N. J. : Prentice-Hall, 1981. 中文版《软件工程经济学》

[9] Bower, G. H., J. B. Black, and T. J. Turner. “Scripts in Memory for Text.” *Cognitive Psychology* 11 (1979): 177–220.

[10] Carroll, John M. “Making Use a Design Representation.” *Communications of the ACM* 37, no. 12 (December 1994): 29–35.

[11] ———. *Making Use: Scenario-based design in human-computer interaction*. Cambridge, Mass.: The MIT Press, 2000.

[12] ———. “Making use is more than a matter of task analysis.” *Interacting with Computers* 14, no. 5 (2002): 619–627.

[13] Carroll, John M., Mary Beth Rosson, George Chin Jr., and Jürgen Koenemann. “Requirements Development in Scenario-Based Design.” *IEEE Transactions on Software Engineering* 24, no. 12 (December 1998): 1156–1170.

[14] Cirillo, Francesco. “XP: Delivering the Competitive Edge in the Post-Internet Era.” At www.communications.xplabs.com/paper2001-3.html.XP Labs, 2001.

[15] Cockburn, Alistair. *Writing Effective Use Cases*. Upper Saddle River, N. J. : Addison-Wesley, 2001. 中文版《编写有效用例》

[16] Cockburn, Alistair, and Laurie L. Williams. “The Costs and Benefits of Pair Programming.” In Giancarlo Succi and Michele Marchesi (Eds.), *Extreme Programming Examined*. Upper Saddle River, N. J. : Addison-Wesley, 2001. 中文版《解析极限编程》

[17] Cohn, Mike. “The Upside of Downsizing.” *Software Test and Quality Engineering* 5, no. 1 (January 2003): 18–21.

[18] Constantine, Larry. “Cutting Corners.” *Software Development* (February 2000).

[19] ———. “Process Agility and Software Usability: Toward lightweight and usage- centered design.” *Information Age* (August-September 2002).

[20] Constantine, Larry L., and Lucy A. D. Lockwood. *Software for Use: A practical guide to the models and methods of usage-centered design*. Reading, Mass.: Addison-Wesley, 1999.

[21] ———. “Usage-Centered Engineering for Web Applications.” *IEEE Software* 19, no. 2 (March/April 2002): 42–50.

[22] Cooper, Alan. *The Inmates Are Running the Asylum*. Indianapolis: SAMS, 1999.

[23] Cusumano, Michael A., and Richard W. Selby. *Microsoft Secrets: How the world's most powerful software company creates technology, shapes markets, and manages people*. New York: The Free Press, 1995.

[24] Davies, Rachel. “The Power of Stories.” XP 2001. Sardinia, 2001. Djajadiningrat, J.P., W. W. Gaver and J. W. Frens. “Interaction Relabelling and Extreme Characters: Methods for exploring aesthetic interactions.” *Symposium on Designing Interactive Systems* 2000, 2000: 66–71.

[25] Fowler, Martin. “The Almighty Thud.” *Distributed Computing* (November 1997).

[26] Fowler, Martin, et al. *Refactoring: Improving the design of existing code*, Reading, Mass.: Addison Wesley, 1999. 中文版《重构》

[27] Gilb, Tom. *Principles of Software Engineering Management*. Reading, Mass.: Addison-Wesley, 1988.

[28] Guindon, Raymonde. “Designing the Design Process: Exploiting opportunistic thoughts.” *Human-Computer Interaction* 5, 1990.

[29] Grudin, Jonathan, and John Pruitt. “Personas, Participatory Design and Product Development: An Infrastructure for Engagement.” In Thomas Binder, Judith Gregory, and Ina Wagner (Eds.), “Participation and Design: Inquiring into the politics, contexts and practices of collaborative design work,” Proceedings of the Participatory Design Conference 2002: 2002: 144–161.

[30] IEEE Computer Society. IEEE Recommended Practice for Software Requirements Specifications. New York, 1998.

[31] Jacobson, Ivar. *Object-Oriented Software Engineering*. Upper Saddle River, N. J. : Addison-Wesley, 1992. 中文版《面向对象的软件工程》

[32] Jacobson, Ivar, Grady Booch, and James Rumbaugh. *The Unified Software Development Process*. Reading, Mass: Addison-Wesley, 1999. 中文版《统一软件开发过程》

[33] Jeffries, Ron. “Essential XP: Card, Conversation, and Confirmation.” *XP Mag azine* (August 30, 2001).

[34] Jeffries, Ron, Ann Anderson, and Chet Hendrickson. *Extreme Programming Installed*. Boston: Addison-Wesley, 2000. 中文版《极限编程实施》

[35] Kensing, Finn, and Andreas Munk-Madsen. “PD: Structure in the Toolbox.” Communications of the ACM 36, no. 6 (June 1993): 78–85.

[36] Kovitz, Ben L. *Practical Software Requirements: A manual of content and style*. Greenwich, Conn.: Manning, 1999. 中文版《实用软件需求》

[37] Kuhn, Sarah, and Michael J. Muller. "Introduction to the Special Section on Participatory Design." *Communications of the ACM* 36, no. 6 (June 1993): 24–28.

[38] Lauesen, Soren. *Software Requirements: Styles and techniques*. London: Addison Wesley, 2002. 中文版《软件需求》

[39] Lundh, Erik, and Martin Sandberg. "Time Constrained Requirements Engineering with Extreme Programming: An experience report." In Armin Eber lein and Julio Cesar Sampaio do Prado Leite (Eds.), Proceedings of the International Workshop on Time Constrained Requirements Engineering, 2002.

[40] Newkirk, James, and Robert C. Martin. *Extreme Programming in Practice*. Upper Saddle River, N. J. : Addison-Wesley, 2001.

[41] Parnas, David L., and Paul C. Clements. "A Rational Design Process: How and why to fake it." *IEEE Transactions on Software Engineering* 12, no. 2 (February 1986): 251–7.

[42] Patton, Jeff. "Hitting the Target: Adding interaction design to agile software development." Conference on Object Oriented Programming Systems Languages and Applications (OOPSLA 2002). New York: ACM Press, 2002.

[43] Poppendieck, Tom. The Agile Customer's Toolkit. In Larry L. Constantine (Ed.), *Proceedings of for USE* 2003. Rowley, Mass.: Ampersand Press: 2003.

[44] Potts, Colin, Kenji Takahashi, and Annie I. Antón. "Inquiry-Based Requirements Analysis." *IEEE Software* 11, no. 2 (March/April 1994): 21–32.

[45] Robertson, Suzanne and James Robertson. *Mastering the Requirements Process*. Reading, Mass.: Addison-Wesley, 1999.

[46] Schuler, Douglas, and Aki Namioka (Eds.). *Participatory Design: Principles and practices*. Hillsdale, N. J. : Erlbaum, 1993.

[47] Schwaber, Ken, and Mike Beedle. *Agile Software Development with Scrum*. Upper Saddle River, N. J. : Prentice Hall, 2002. 中文版《Scrum 敏捷项目管理》

[48] Stapleton, Jennifer. *DSDM: Business Focused Development*. Reading, Mass.: Addison-Wesley, 2003.

[49] Swartout, William, and Robert Balzer. "On the Inevitable Intertwining of Specification and Implementation." *Communications of the ACM* 25, no. 7 (July 1982): 438–440.

[50] Wagner, Larry. "Extreme Requirements Engineering." *Cutter IT Journal* 14, no. 12 (December 2001).

[51] Wake, William C. *Extreme Programming Explored*. Reading, Mass: Addison- Wesley, 2002. 中文版《极限编程探究》

[52] ———. "INVEST in Good Stories, and SMART Tasks." Atwww.xp123.com, 2003a.

[53] ———. *Refactoring Workbook*. Reading, Mass.: Addison-Wesley, 2003b. Weidenhaupt, Klaus, Klaus Pohl, Matthias Jarke, and Peter Haumer. "Scenarios in System Development: Current practice." IEEE Software 15, no. 2 (March/April 1998): 34–45. 中文版《重构》

[54] Wiegers, Karl E. *Software Requirements*. Redmond, Wash.: Microsoft Press,1999. 中文版《软件需求》，目前第 3 版为最新版

[55] Williams, Marian G., and Vivienne Begg. "Translation between software designers and users." *Communications of the ACM* 36, no. 6 (June 1993): 102–3.

网站

www.agilealliance.com
www.controlchaos.com
www.foruse.com
www.mountaingoatsoftware.com
www.userstories.com
www.xprogramming.com
www.xp123.com

奇妙的用户故事：互联网产研团队用户故事+Kanban 开发转型实战案例

王凌宇/文

在《用户故事实战》一书中，有一章专门讲了用户故事在 Scrum 框架中是如何应用的。在科恩（Mike Cohn）写本书时，精益 Kanban 开发方法还没有成形。2010 年，安德森（David J. Anderson）的著作出版发行，对精益 Kanban 方法进行了系统化的描述。

目前，精益 Kanban 开发方法适用于多种工作场景。尤其是很多互联网产研团队，需求来得紧迫却又模糊，但又要求尽快交付上线。相对 Scrum 而言，用户故事+Kanban 这样的组合能够较好地应对这种用户场景。

本文以一个实战案例来描述用户故事+Kanban 在互联网产研团队敏捷转型过程中的妙用。

团队改进前的概况

1. 团队组成为 1 个产品、9 个开发和 2 个测试，日常主要任务是相关业务 PC\M\APP 的三端实现。
2. 团队改进前面临以下主要问题：每周排期后有临时任务频繁插入，打乱开发节奏；任务拆分不合理，导致有些任务完成后无法进行测试；bug 数量过多且遗留率高。

团队改进的阶段性成效

1. 团队改进历程：改进历时半年后，团队取得阶段成效，状态稳定。
2. 主要问题的改进效果如下：每日排期和每日站会能更好的应对外部变化，团队做到按需上线；任务合理拆分后，颗粒度一般控制在 2 天内，能够实现任务的可独立开发、测试，交付；用户故事驱动开发，解决了 bug 多和遗留率高的问题。
3. 阶段度量指标数据如下。
   - 近一年吞吐量月均由 50 个提升至 100 个左右，提升了 2 倍以上。
   - 研发产生 bug 数量降低，由月均 50 个 bug，减少到月均 2 个。
   - 需求交付周期由 5 天缩短至 2 天，提升了 60%。
   - 团队流动效率由平均 60%提升到 80%。

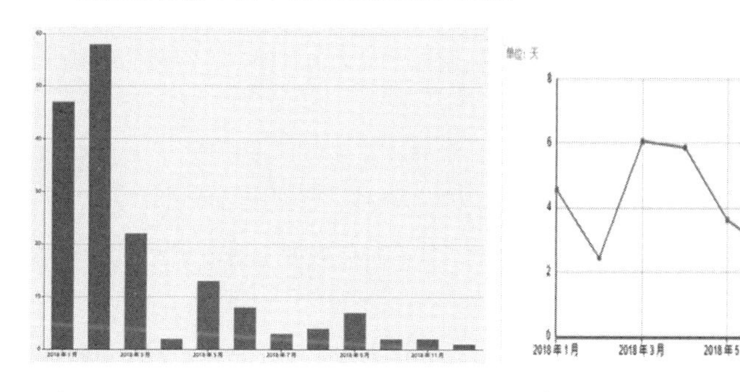

↑ BUG 数量

↑ 需求交付周期

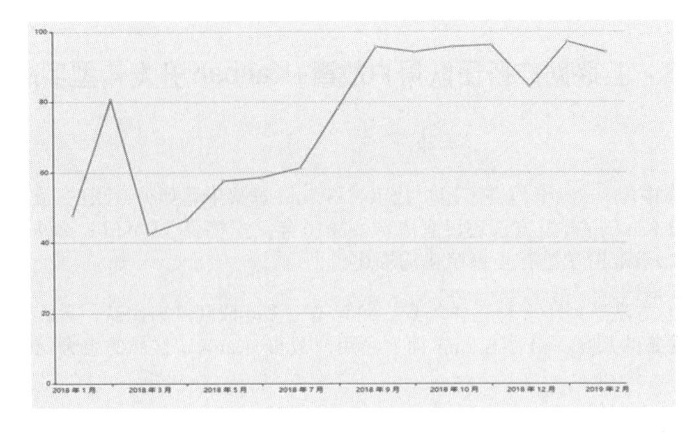

← 流动效率

团队改进措施

针对团队的待改进问题，经过分析后，教练团队主要对团队导入了用户故事+精益 Kanban 方法。关于精益 Kanban 开发，这里不做赘述，从团队的阶段需求交付周期和流动效率的提升上，我们可以看出起到了较好的作用。下面我主要介绍团队是如何使用用户故事的。

在很多敏捷转型实践中，有些时候并不顺利，其中一个可能的原因就是敏捷教练过于理论化，只是照搬书本知识，导致理论与实际相脱节，无法有效落地，最终转型失败。

我一直认为，敏捷理论与敏捷实施是两回事。我们在敏捷实施中，只有结合组织团队的具体情况，选取合适的实践方法，采取适应性的策略，才能取得敏捷转型的进展。

在本案例中，在对用户故事方法的使用上，虽然没有使用经典的三段论描述，但是由于使用了用户故事的 INVEST 特征，还是取得了较好的阶段性成效。

1. **独立性。**之前由于任务拆分的不合理，任务之间依赖较多，导致有些任务开发完成后无法测试，改进后解决了这个问题。

2. **可协商性。**通过每日站会、每日排期和及时沟通，能够进一步细化需求并调整排期计划。

3. **有价值的。**通过需求宣讲会，各方对需求理解达成一致，使团队成员的工作聚焦于价值，而不是单纯完成任务而已。

4. **可估算，足够小。**大多数的任务颗粒度都能够拆分控制在 2 天之内，保证了后续的可独立测试和交付上线。

5. **可测试。**在开发之前，当各方对需求理解达成一致后。测试开始写测试用例，然后开发过程中可以依据测试用例进行自测，可以说这个特征的应用极大提升了我们团队的交付质量。

对于产研团队来说，需要解决的根本性问题主要有两个，第一是做对的事情，第二是怎样把对的事情做好。

用户故事方法作为精益敏捷方法中的基石实践，向前可以连接产品定义和设计，向后可以连接开发与测试，所以，用好了用户故事，至少可以保证团队是在做对的事情。

用户故事方法助力需求管理

程春光/文

《人月神话》的作者弗雷德里克·布鲁克斯曾经说过："产品开发中如果只有一件最困难的事，那就是精确的决定做什么。"作为产品研发过程的源头，需求管理向来都是团队研发工作过程中的重点和难点。而《用户故事实战》一书为需求管理提供了一套系统的、行之有效的方法，为产品研发过程带来事半功倍的效果。

在研发过程中，我们经常会遇到这样那样的问题，导致团队虽然投入了大量的精力，最终却并没有取得良好的业务成果，比如：

- 需求价值不清晰，团队只知其然，不知其所以然；
- 需求定义不清晰，产品经理、研发、测试对需求理解不一致；
- 开发过程中，需求频繁变更，导致迭代计划被打乱；
- 团队交付不稳定，难以建立较为准确的版本计划、迭代计划；
- 开发过程中用户验证没有问题，但是在正式交付发布之后出现大量问题反馈。

用户故事方法通过经典的三段论格式，引导团队以终为始，不仅仅关注需求本身需要做什么（What），更要深入思考为什么要实现这样的需求（Why），需求本身的价值是什么。而这一点往往可以帮助团队更加准确地探究和把握用户价值，提供更为合理的实现方案，从而为达成业务目标和实现业务成功奠定基础。

正如3C原则（Card，Conversation，Confirmation）所描述的那样，用户故事并不是需求规格，而是通过持续的沟通来达成对需求的澄清和确认，从而减少信息传递过程中的噪声和信息损耗。

在沟通过程中，产品经理、研发、测试等各角色遵循INVEST原则对用户故事进行确认和拆分，确保用户故事不重不漏。经过拆分之后的用户故事都可以独立产生用户价值，并单独测试上线。一方面可以使需求交付过程更加可控，另一方面，可以更早地实现价值交付，并尽快地收集用户反馈。

同时，在沟通过程中，各方对需求的验收条件达成一致，结合实例化需求（Specification by Example），可以有效地避免由于各方理解不一致导致的变更、延期甚至是返工。

在计划与估算方面，团队可以使用故事点数（Story Point）对用户故事的规模进行估算，并以此衡量和监测团队的交付速率（Velocity），为团队每个迭代的交付能力提供比较客观的依据，由此制定更加合理的迭代计划和版本计划，有效地解决了拍脑袋定计划或者计划很丰满现实很骨感之类的问题。

用户故事方法能够有效地增强团队沟通，促进团队探求需求价值，并就验收标准达成一致。同时，在计划和估算方面也提供了一套行之有效的方法，可以帮助团队制定更加合理的、切实可行的计划，对团队的需求管理提供非常大的帮助。

《用户故事实战》读后实践有感

张玉佳/文

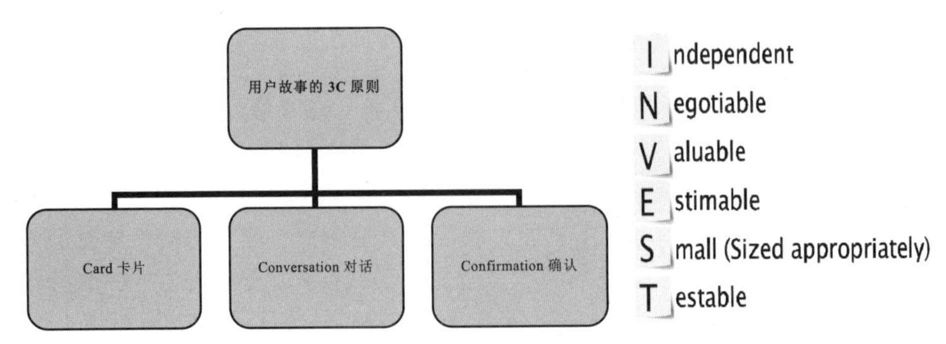

作为一名敏捷拥趸，一直苦于团队需求管理力不从心以及团队开发进度不可捉摸这样的问题，这本《用户故事实战》给出了一系列很好的实践方法。

首先是需求管理方面，本书以用户故事的形式来描述需求和管理开发任务让人顿觉豁然开朗。书中描述的故事3C原则给予我很大的触动，原来需求描述不需要也无法做到面面俱到，而是可以通过随时的当面交谈来不断确认需求细节，一举解决以前常常为需求不能一次性描述完整而产生的深深负罪感。

用户故事INVEST原则更是给出了故事编写的6大指导方针，尤其是要满足对客户“有价值”这一特性，这颠覆了以往按技术模块划分任务的模式，能够让团队更加关注价值的交付；再有就是故事是可测试的，能够很好促进需求、开发和测试等多种角色协同工作。

其次在版本发布计划方面，本书提出故事估算、任务分解、团队速率测量和迭代计划等一系列方法，综合运用这些方法之后，团队的开发进度从完全不可控逐渐变得可预测。尤其是文中提到要采用团队共同估算的方式进行故事估算，综合多方的看法对故事进行尽可能客观的估算，极大解决了传统个人估不准的问题。再通过几个迭代的速率测量，团队交付能力逐渐进入一种比较稳定的状态，团队对于交付的信心得到了显著的提升。

自从实践用户故事之后，团队成员越发积极地参与需求讨论，客户验收满意度显著提升，返工率减少了80%；产品经理更多精力花在挖掘需求和价值，编写需求文档的时间减少了50%；特别是团队可以根据燃尽图及时调整节奏并在两天之间解决一般性的障碍问题。

Change is scary, but
complacency is deadly.
Dave Dame
Agile leader

The more they
over think the plumbing,
the easier it is
to stop up the drain.
James Doohan as
Scotty in
Star Trek III

Agile leaders lead teams,
non-agile ones manage tasks.
Jim Highsmith
Agile author

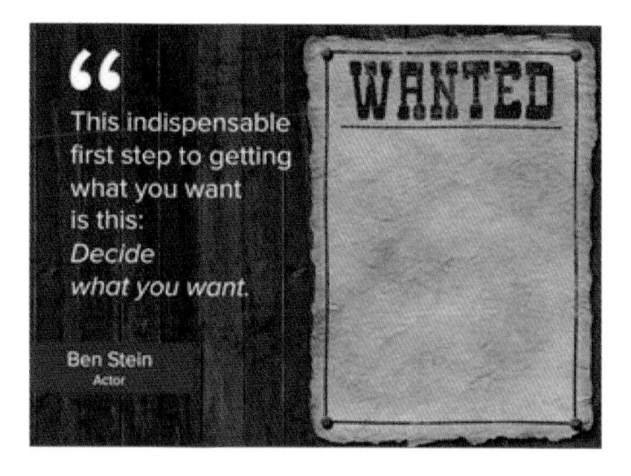
This indispensable
first step to getting
what you want
is this:
Decide
what you want.
Ben Stein
Actor
WANTED

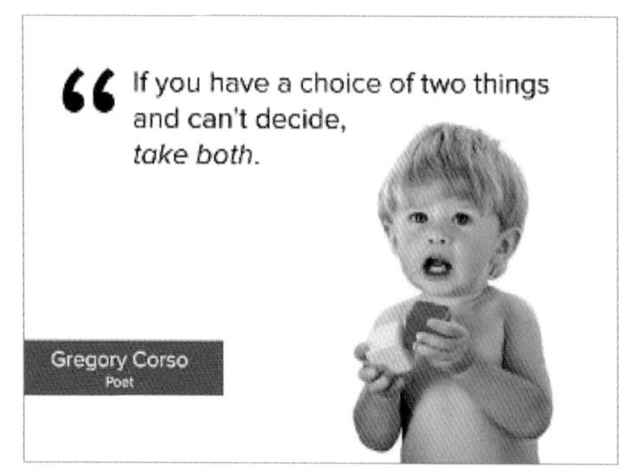
If you have a choice of two things
and can't decide,
take both.
Gregory Corso
Poet

Everything stinks
till it's finished.
Dr. Seuss

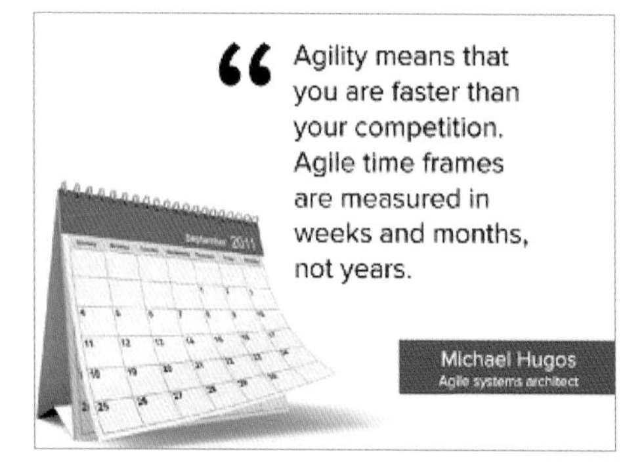
Agility means that
you are faster than
your competition.
Agile time frames
are measured in
weeks and months,
not years.
Michael Hugos
Agile systems architect

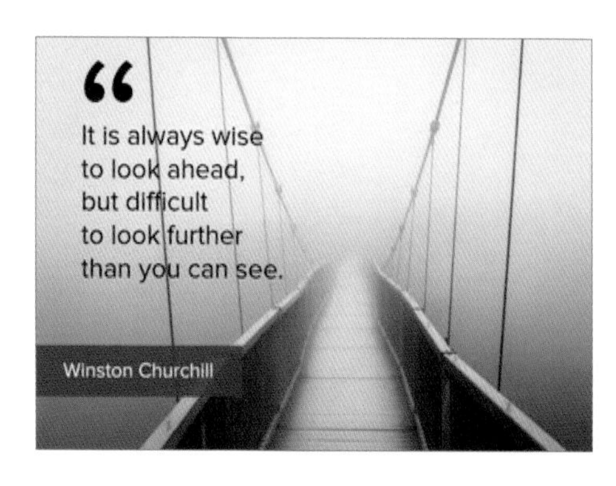
It is always wise
to look ahead,
but difficult
to look further
than you can see.
Winston Churchill

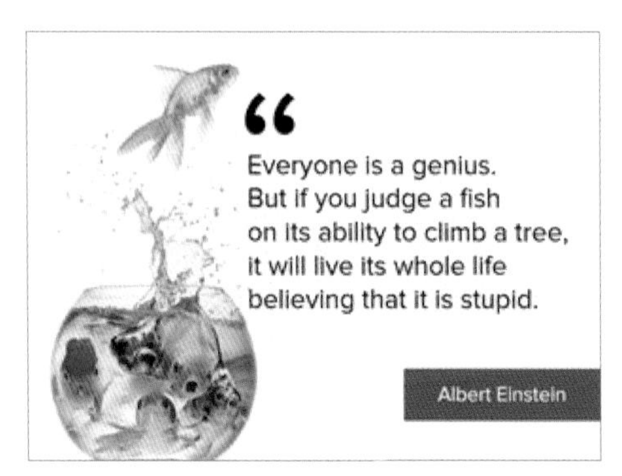
Everyone is a genius.
But if you judge a fish
on its ability to climb a tree,
it will live its whole life
believing that it is stupid.
Albert Einstein

People with goals succeed
because they know
where they're going.
Earl Nightingale
Motivational speaker

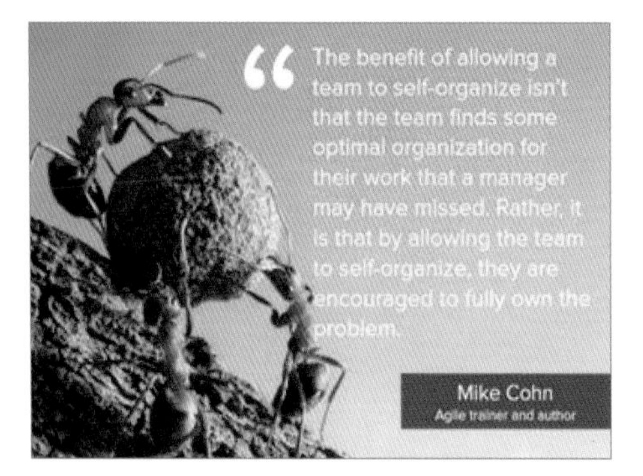
The benefit of allowing a
team to self-organize isn't
that the team finds some
optimal organization for
their work that a manager
may have missed. Rather, it
is that by allowing the team
to self-organize, they are
encouraged to fully own the
problem.
Mike Cohn
Agile trainer and author

Agile is all about teams
working together to
produce great software.
As an Agile coach, you
can help your team go
from first steps to
running with Agile to
unleashing their full
Agile potential.
Rachel Davies and Liz Sedley
Agile trainers and authors

Focus on idle work
not idle workers
to achieve fast,
flexible flow.
Ken Rubin
Agile Author and Trainer

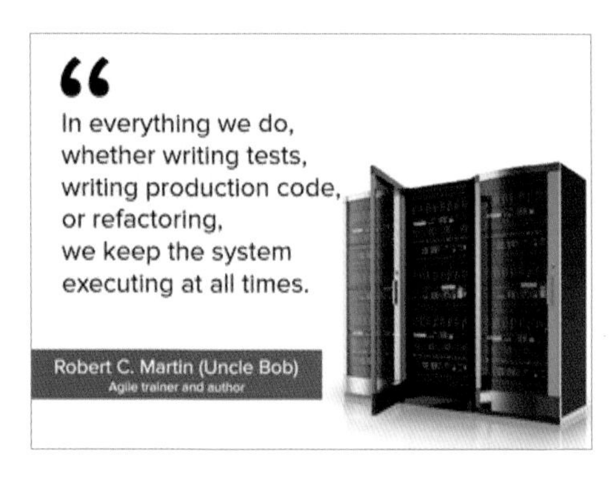
In everything we do,
whether writing tests,
writing production code,
or refactoring,
we keep the system
executing at all times.
Robert C. Martin (Uncle Bob)
Agile trainer and author

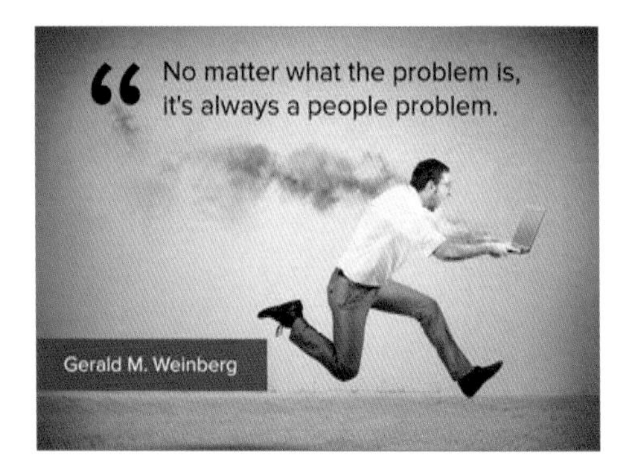
No matter what the problem is,
it's always a people problem.
Gerald M. Weinberg

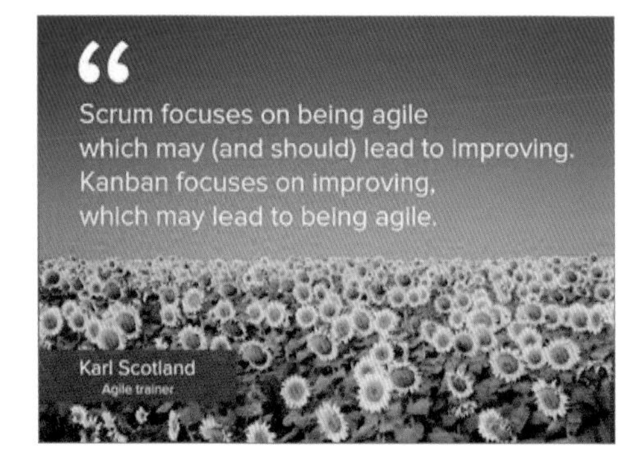
Scrum focuses on being agile
which may (and should) lead to improving.
Kanban focuses on improving,
which may lead to being agile.
Karl Scotland
Agile trainer

“
Inside every large program,
there is a small program
trying to get out.
C.A.R. Hoare
Computer scientist

“
Any fool can write code that
a computer can understand.
Good programmers write code
that humans can understand.
Martin Fowler
Author and programmer

“
Optimism is an
occupational hazard
of programming:
feedback is
the treatment.
Kent Beck
XP trainer and author

“
Kill your product
if a pivot is not
beneficial and
persevering
no option.
It's tough but
the right thing to do.
Roman Pichler
Agile trainer and author

“
The best way to get
a project done faster
is to start sooner.
Jim Highsmith
Agile author

“
In a good shoe,
I wear a size six,
but a seven feels
so good,
I buy a size eight.
Dolly Parton as
Truvy Jones in
Steel Magnolias

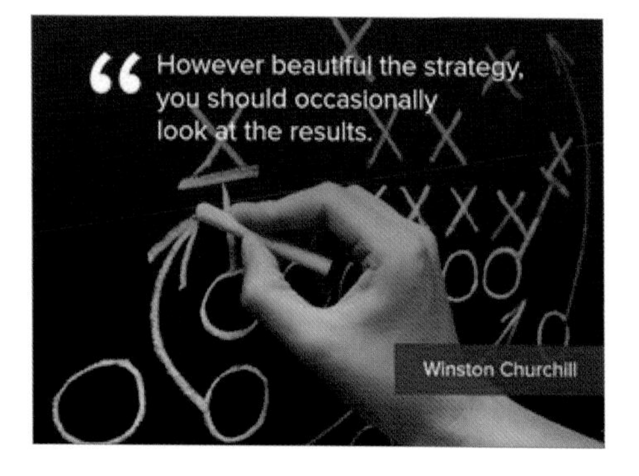
“
However beautiful the strategy,
you should occasionally
look at the results.
Winston Churchill

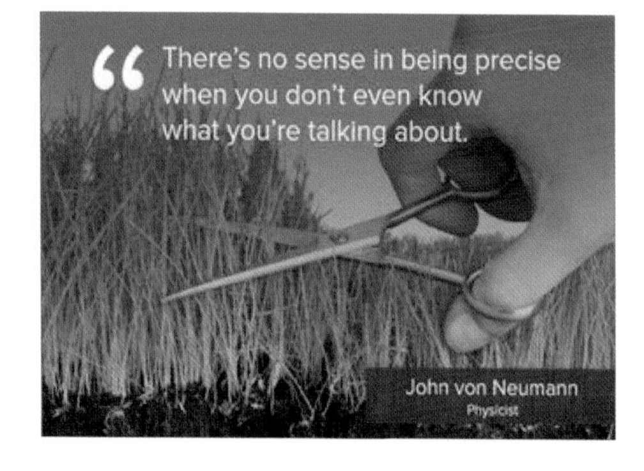
“
There's no sense in being precise
when you don't even know
what you're talking about.
John von Neumann
Physicist

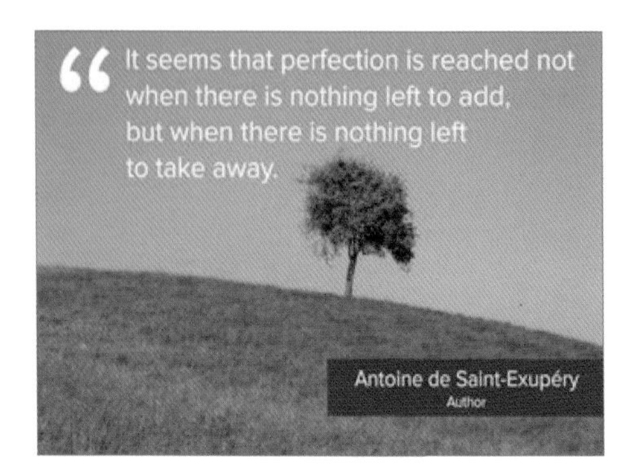
It seems that perfection is reached not when there is nothing left to add, but when there is nothing left to take away.
Antoine de Saint-Exupéry
Author

"Scaling agile" always sounds to me like "scaling small-batch, hand-crafted artisanal beer." You end up with Bud Light
Andy Hunt
Pragmatic programmer

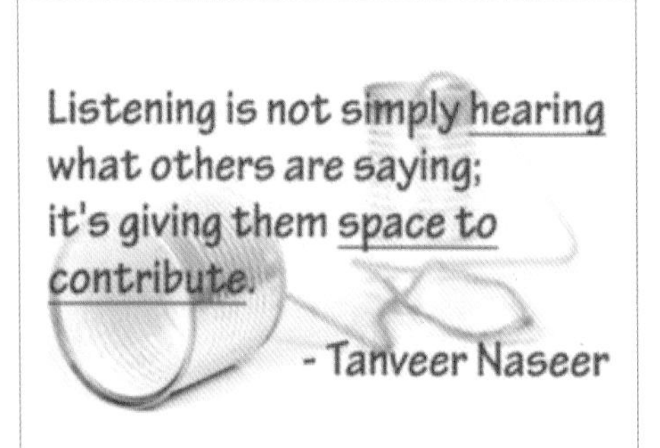
Listening is not simply hearing what others are saying; it's giving them space to contribute.
- Tanveer Naseer

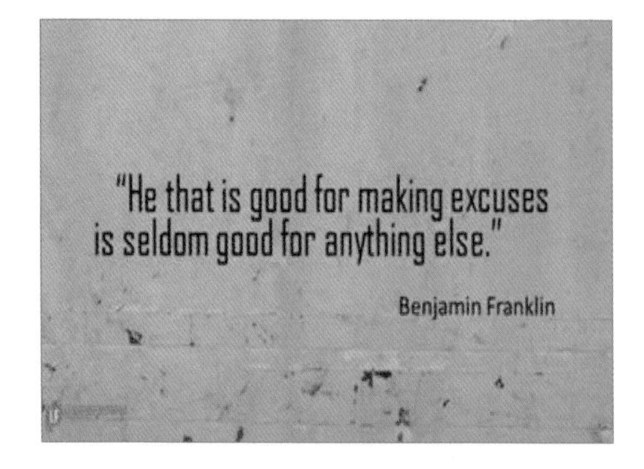
"He that is good for making excuses is seldom good for anything else."
Benjamin Franklin

The value of an idea lies in the using of it.
Thomas Edison

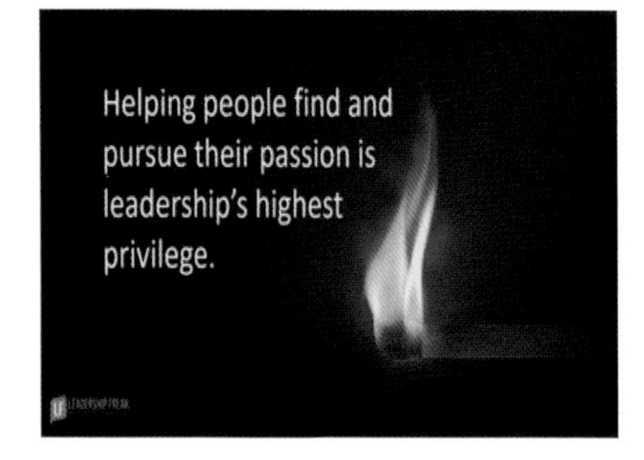
Helping people find and pursue their passion is leadership's highest privilege.

There is nothing so useless as doing efficiently that which should not be done at all.
Peter Drucker

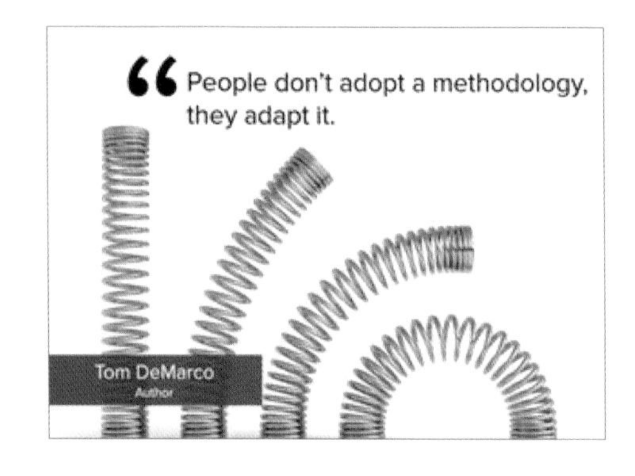
People don't adopt a methodology, they adapt it.
Tom DeMarco
Author

Stable Velocity.
Sustainable Pace.
Mike Cottmeyer
Agile author and coach

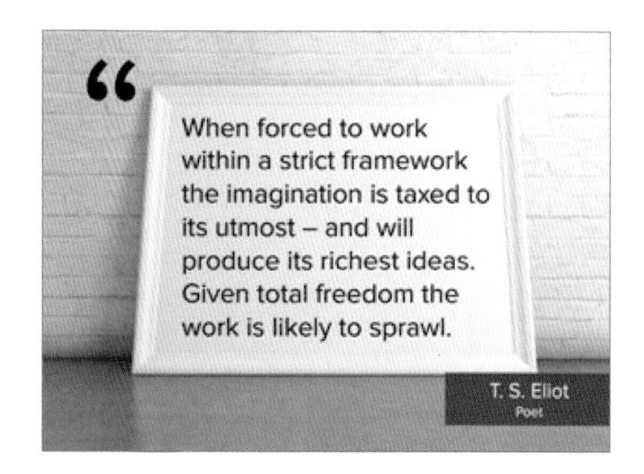
When forced to work within a strict framework the imagination is taxed to its utmost – and will produce its richest ideas. Given total freedom the work is likely to sprawl.
T. S. Eliot
Poet

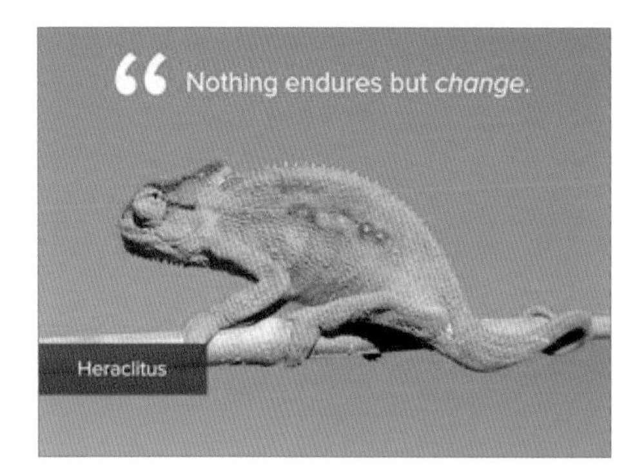
Nothing endures but *change*.
Heraclitus

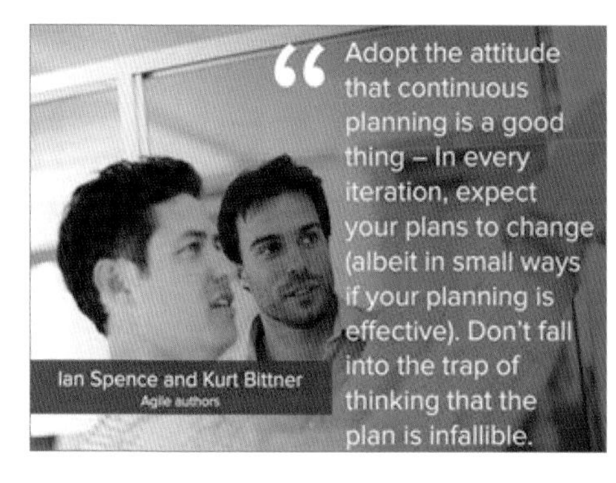
Adopt the attitude that continuous planning is a good thing – In every iteration, expect your plans to change (albeit in small ways if your planning is effective). Don't fall into the trap of thinking that the plan is infallible.
Ian Spence and Kurt Bittner
Agile authors

Do the planning,
but throw out the plans.
Mary Poppendieck
Lean trainer and author

Planning is everything.
Plans are nothing.
Field Marshal Helmuth von Moltke

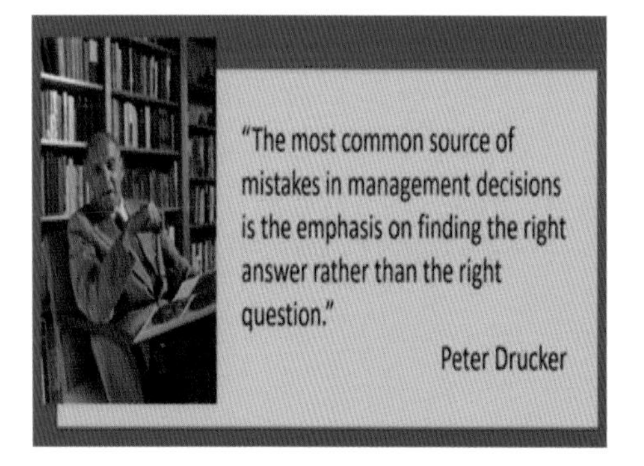
"The most common source of mistakes in management decisions is the emphasis on finding the right answer rather than the right question."
Peter Drucker

It is a capital mistake to theorize before one has data.
Sherlock Holmes
Scandal in Bohemia

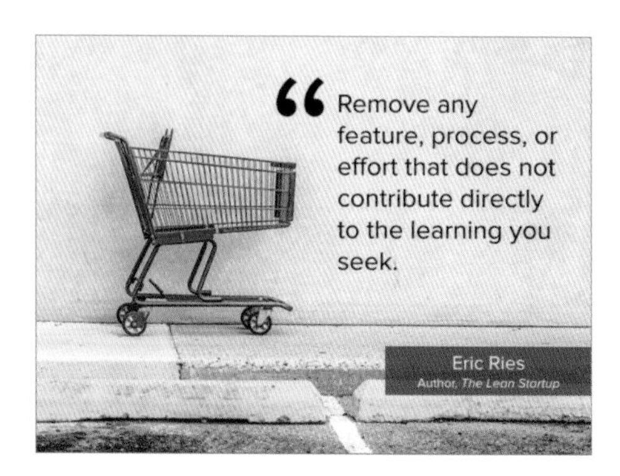
Remove any feature, process, or effort that does not contribute directly to the learning you seek.
Eric Ries
Author, The Lean Startup

A market is never saturated with a good product, but it is very quickly saturated with a bad one.
Henry Ford

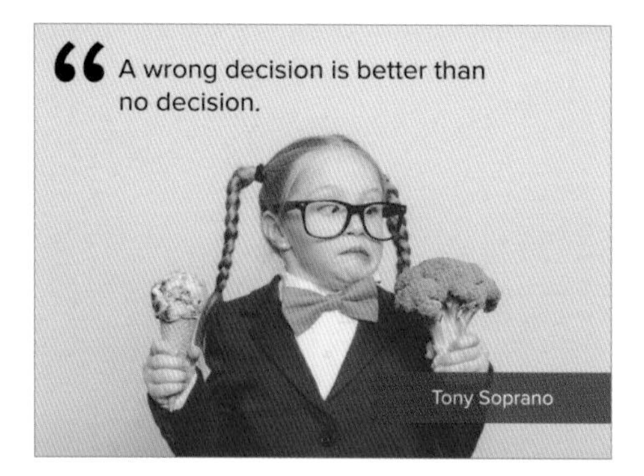
A wrong decision is better than no decision.
Tony Soprano

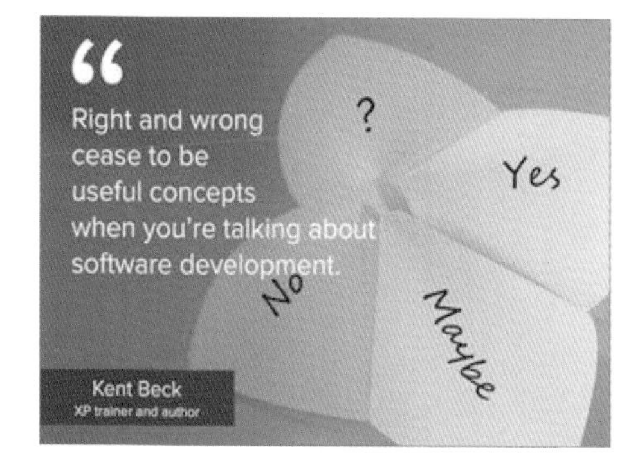
Right and wrong cease to be useful concepts when you're talking about software development.
?
Yes
No
Maybe
Kent Beck
XP trainer and author

The important thing is not your process. The important thing is your process for improving your process.
GOOD
BETTER
Henrik Kniberg
Agile trainer and author

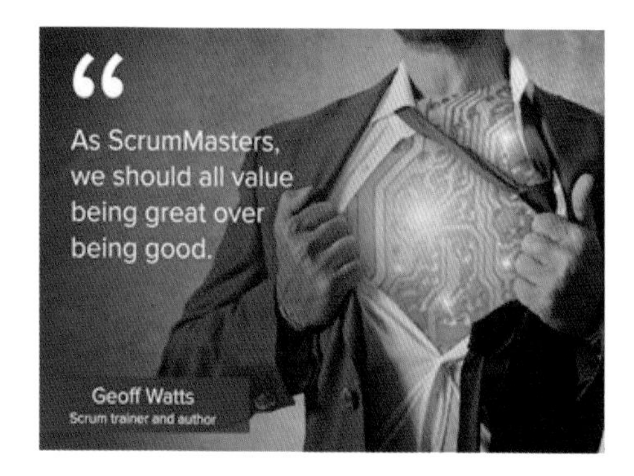
As ScrumMasters, we should all value being great over being good.
Geoff Watts
Scrum trainer and author

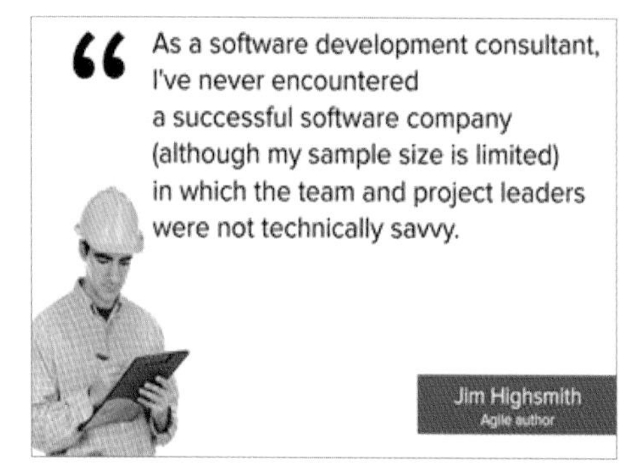
As a software development consultant, I've never encountered a successful software company (although my sample size is limited) in which the team and project leaders were not technically savvy.
Jim Highsmith
Agile author

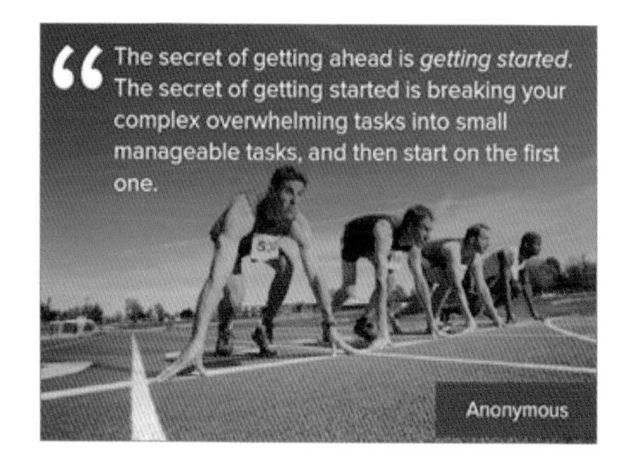
The secret of getting ahead is getting started. The secret of getting started is breaking your complex overwhelming tasks into small manageable tasks, and then start on the first one.
Anonymous

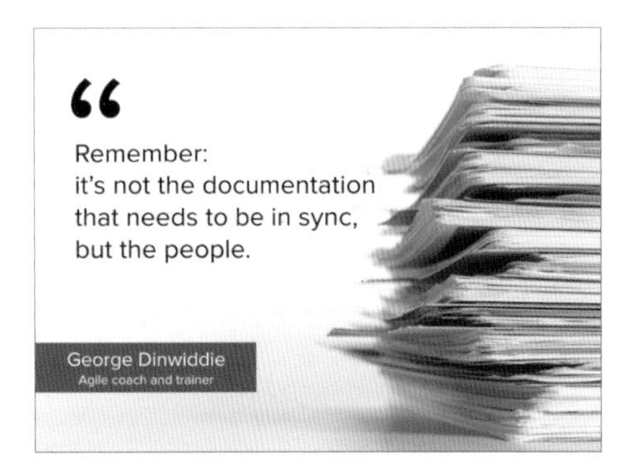
Remember:
it's not the documentation
that needs to be in sync,
but the people.
George Dinwiddie
Agile coach and trainer

Software is the most malleable product.
Companies need to use this
characteristics to their competitive
advantage, and sticking to traditional
waterfall development negates this
advantage.
Jim Highsmith
Agile author

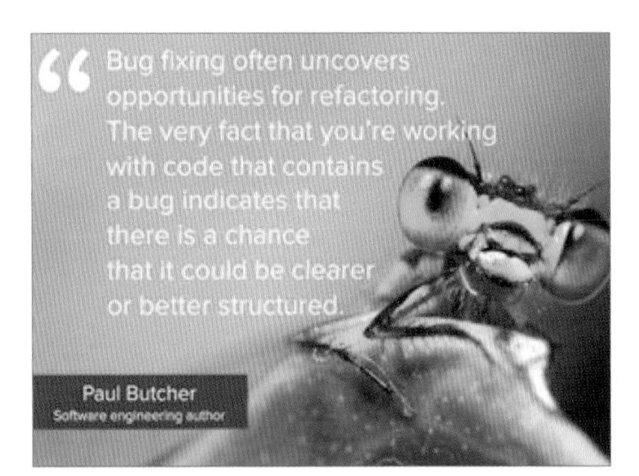
Bug fixing often uncovers
opportunities for refactoring.
The very fact that you're working
with code that contains
a bug indicates that
there is a chance
that it could be clearer
or better structured.
Paul Butcher
Software engineering author

Be honest –
Without objectivity
and honesty,
the project team
is set up for failure,
even if developing
iteratively.
Ian Spence and Kurt Bittner
Agile authors

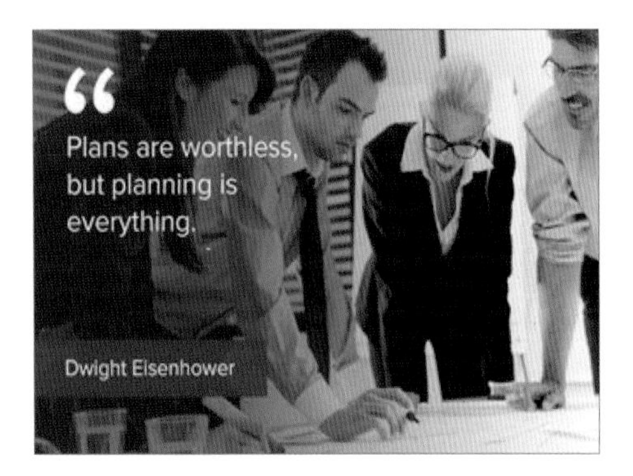
Plans are worthless,
but planning is
everything.
Dwight Eisenhower

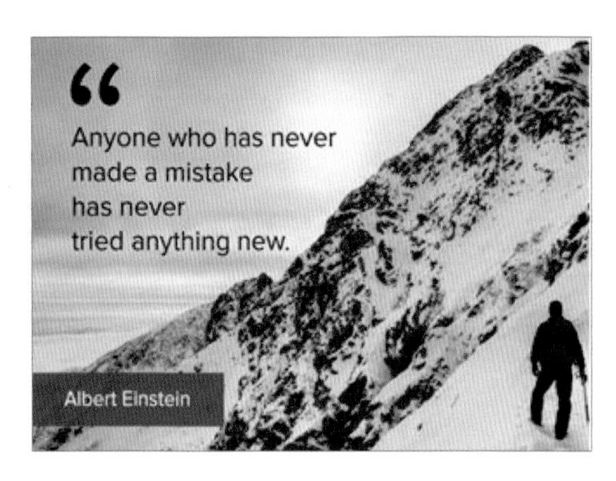
Anyone who has never
made a mistake
has never
tried anything new.
Albert Einstein

The more elaborate
our means of communication,
the less we communicate.
Joseph Priestley
Theologian

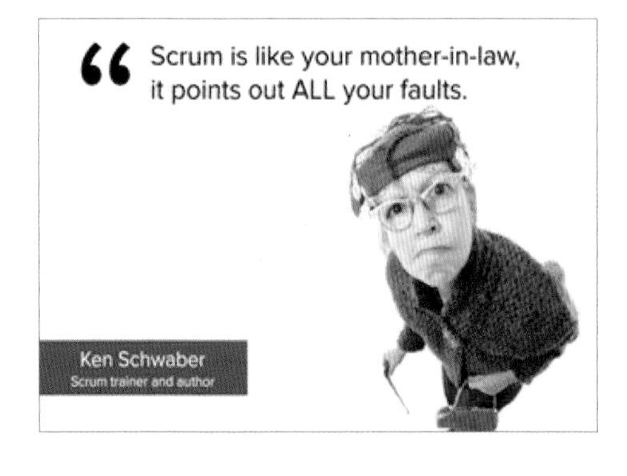
Scrum is like your mother-in-law,
it points out ALL your faults.
Ken Schwaber
Scrum trainer and author

Our greatest weakness lies in giving up.
The most certain way to succeed is always to try just one more time.
Thomas Edison

We define an agile tester this way:
a professional tester who embraces change, collaborates well with both technical and business people, and understands the concept of using tests to document requirements and drive development.
Lisa Crispin and Janet Gregory
Agile trainers and authors

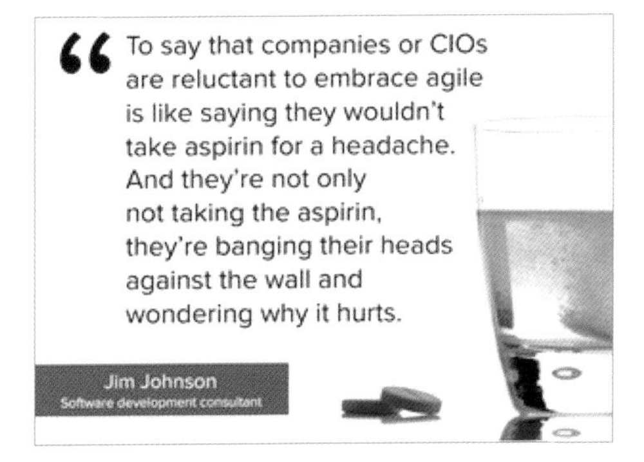

To say that companies or CIOs are reluctant to embrace agile is like saying they wouldn't take aspirin for a headache. And they're not only not taking the aspirin, they're banging their heads against the wall and wondering why it hurts.
Jim Johnson
Software development consultant

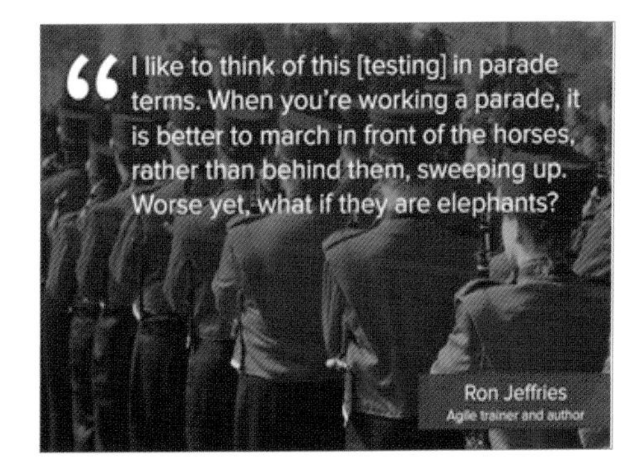

I like to think of this [testing] in parade terms. When you're working a parade, it is better to march in front of the horses, rather than behind them, sweeping up. Worse yet, what if they are elephants?
Ron Jeffries
Agile trainer and author

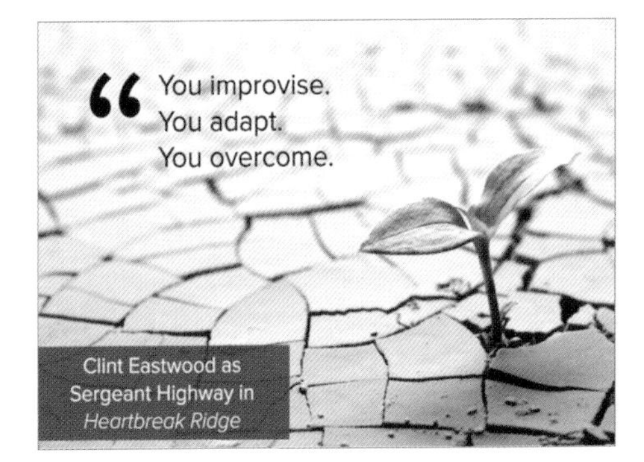

You improvise.
You adapt.
You overcome.
Clint Eastwood as Sergeant Highway in *Heartbreak Ridge*

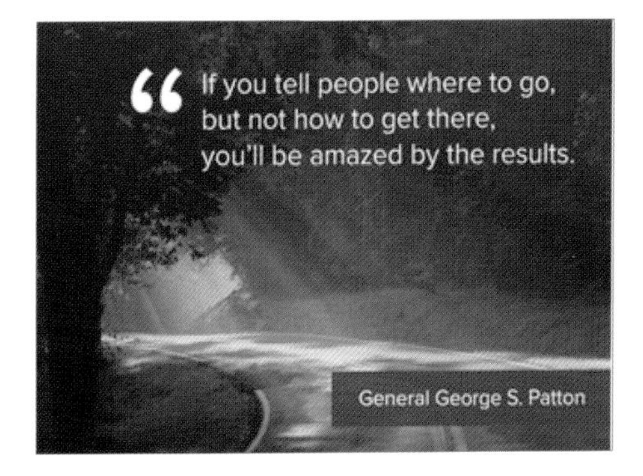

If you tell people where to go, but not how to get there, you'll be amazed by the results.
General George S. Patton

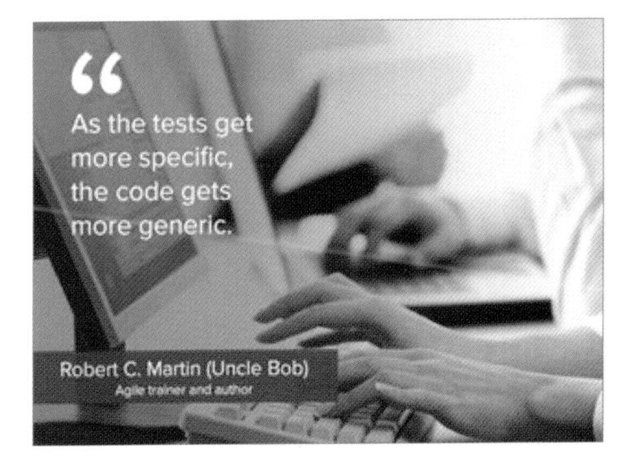

As the tests get more specific, the code gets more generic.
Robert C. Martin (Uncle Bob)
Agile trainer and author

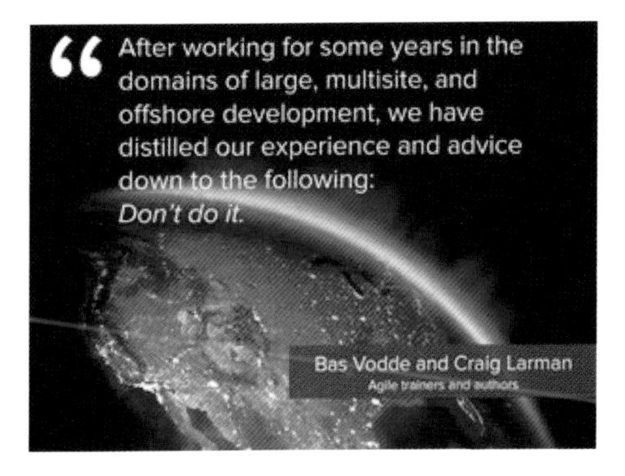

After working for some years in the domains of large, multisite, and offshore development, we have distilled our experience and advice down to the following:
Don't do it.
Bas Vodde and Craig Larman
Agile trainers and authors

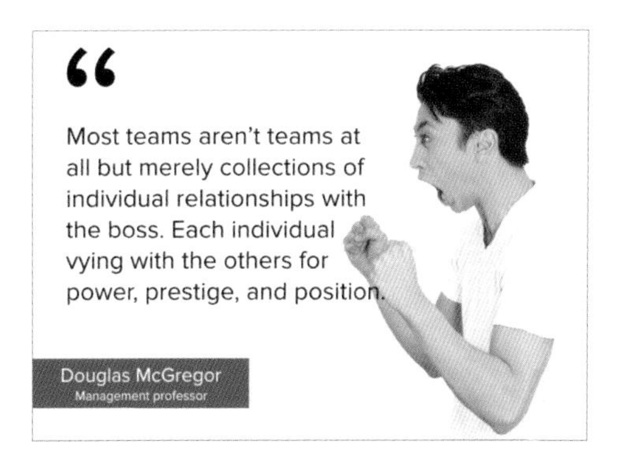

Most teams aren't teams at all but merely collections of individual relationships with the boss. Each individual vying with the others for power, prestige, and position.
Douglas McGregor
Management professor

Agile teams produce a continuous stream of value, at a sustainable pace, while adapting to the changing needs of the business.
Elisabeth Hendrickson
Agile author and trainer

If you want a guarantee, buy a toaster.
Clint Eastwood as Nick Pulovski in The Rookie

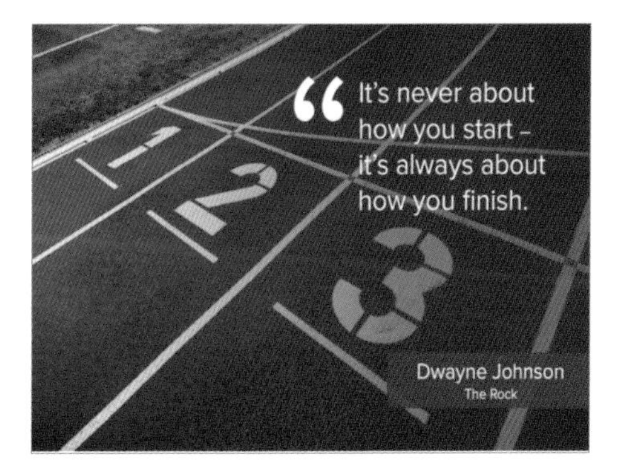

It's never about how you start – it's always about how you finish.
Dwayne Johnson
The Rock

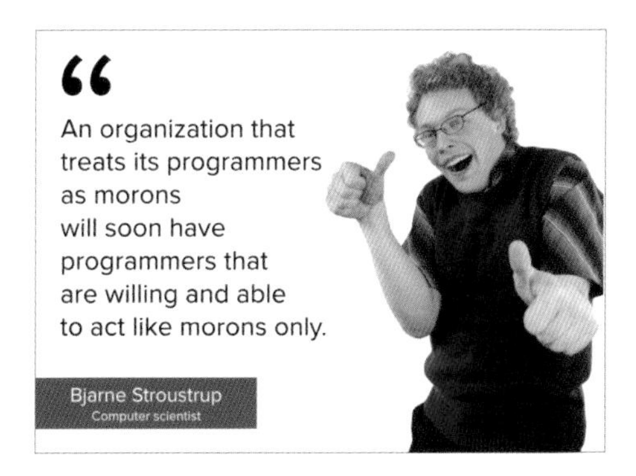

An organization that treats its programmers as morons will soon have programmers that are willing and able to act like morons only.
Bjarne Stroustrup
Computer scientist

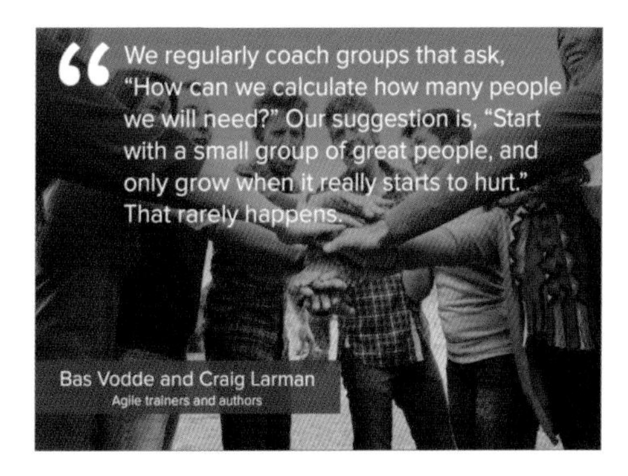

We regularly coach groups that ask, "How can we calculate how many people we will need?" Our suggestion is, "Start with a small group of great people, and only grow when it really starts to hurt." That rarely happens.
Bas Vodde and Craig Larman
Agile trainers and authors

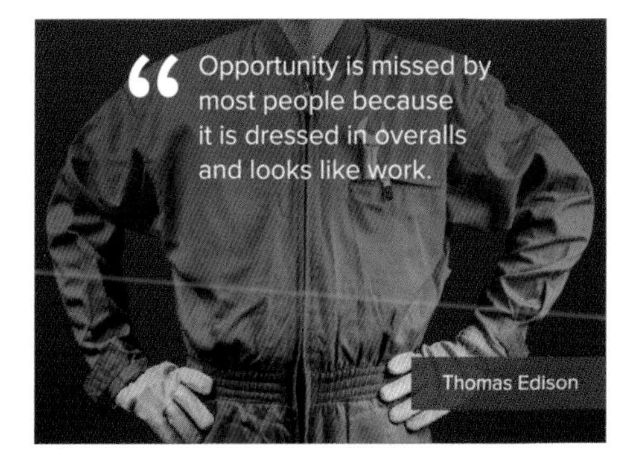

Opportunity is missed by most people because it is dressed in overalls and looks like work.
Thomas Edison

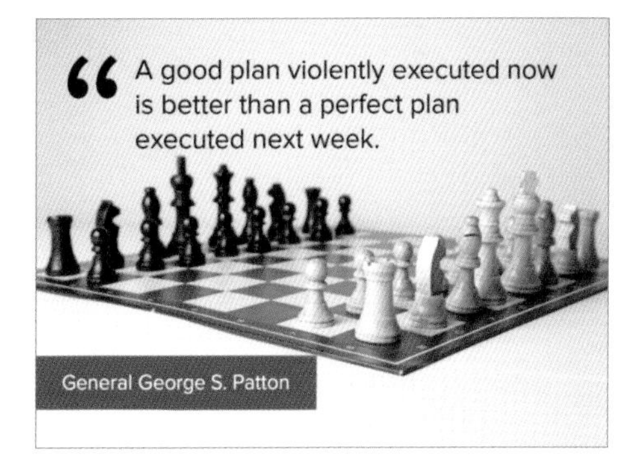

A good plan violently executed now is better than a perfect plan executed next week.
General George S. Patton

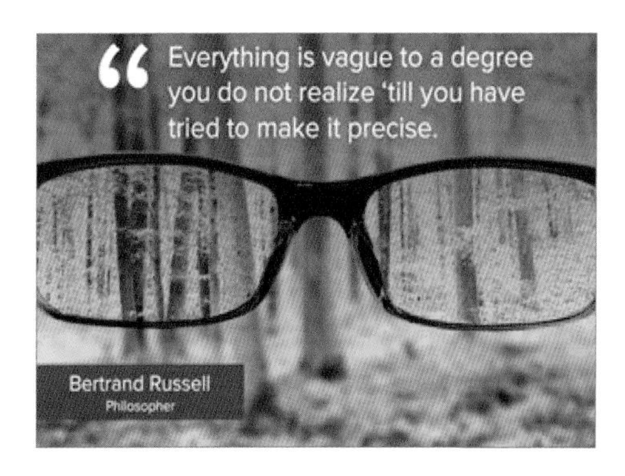
Everything is vague to a degree you do not realize 'till you have tried to make it precise.
Bertrand Russell
Philosopher

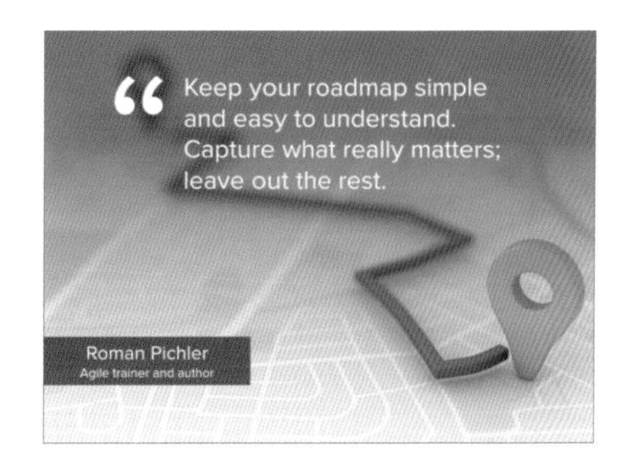
Keep your roadmap simple and easy to understand. Capture what really matters; leave out the rest.
Roman Pichler
Agile trainer and author

First-time product owners need time, trust, and support to grow into their new role.
Roman Pichler
Agile trainer and author

As an Agile coach, you don't need to have all the answers; it takes time and a few experiments to hit on the right approach.
Rachel Davies and Liz Sedley
Agile trainers and authors

That which is a feature to a component team is a task to a feature team.
Ken Rubin
Agile Author and Trainer

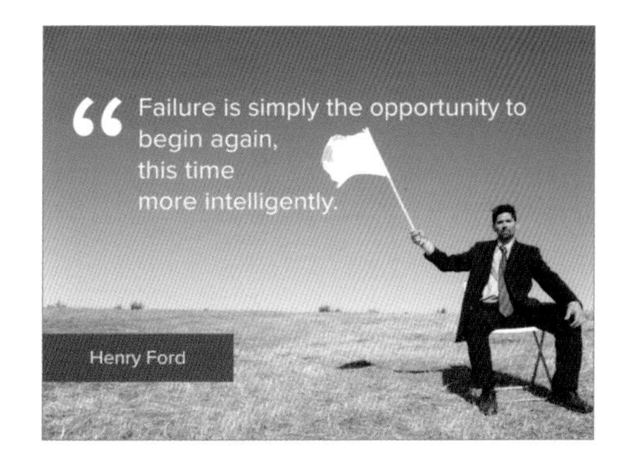
Failure is simply the opportunity to begin again, this time more intelligently.
Henry Ford

People are remarkably good at doing what they want to do.
Joseph Little
Scrum trainer and author

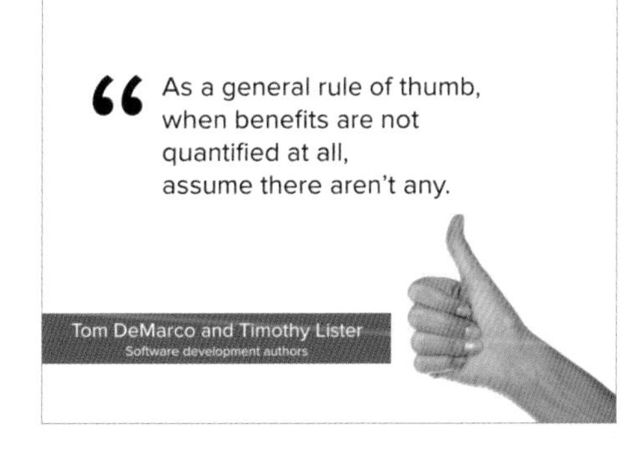
As a general rule of thumb, when benefits are not quantified at all, assume there aren't any.
Tom DeMarco and Timothy Lister
Software development authors

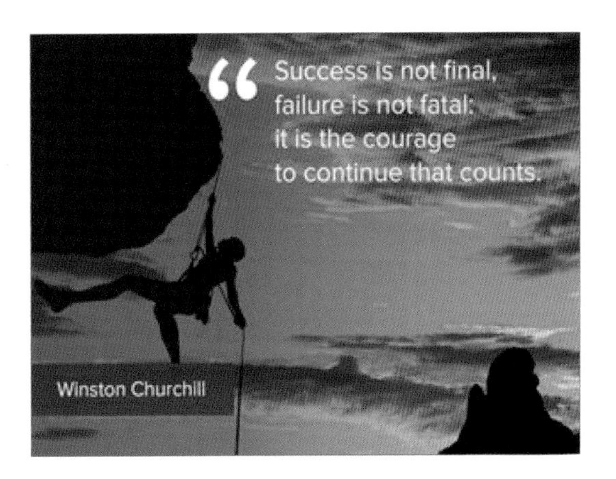
Success is not final,
failure is not fatal:
it is the courage
to continue that counts.
Winston Churchill

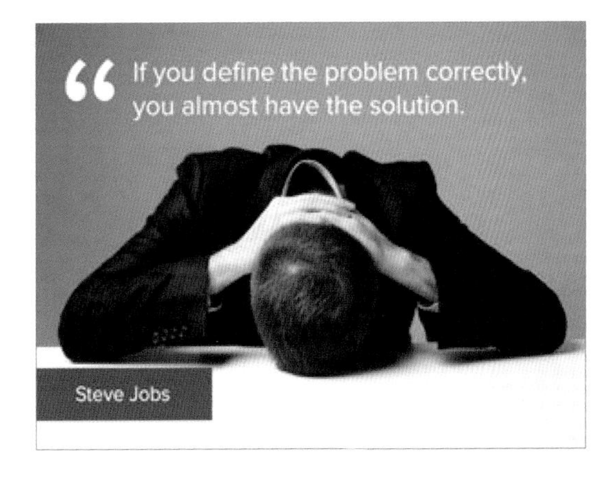
If you define the problem correctly,
you almost have the solution.
Steve Jobs

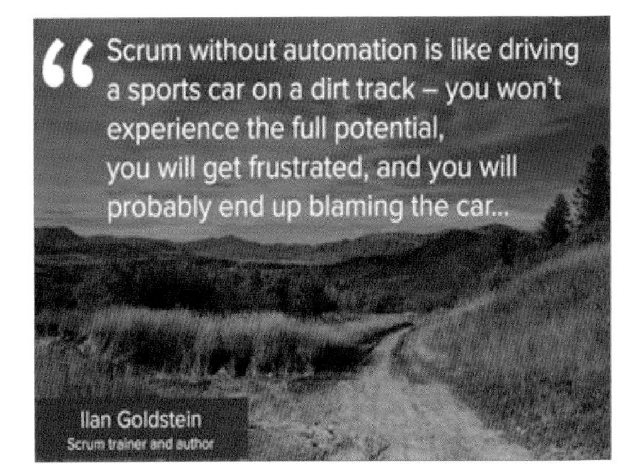
Scrum without automation is like driving
a sports car on a dirt track – you won't
experience the full potential,
you will get frustrated, and you will
probably end up blaming the car...
Ilan Goldstein
Scrum trainer and author

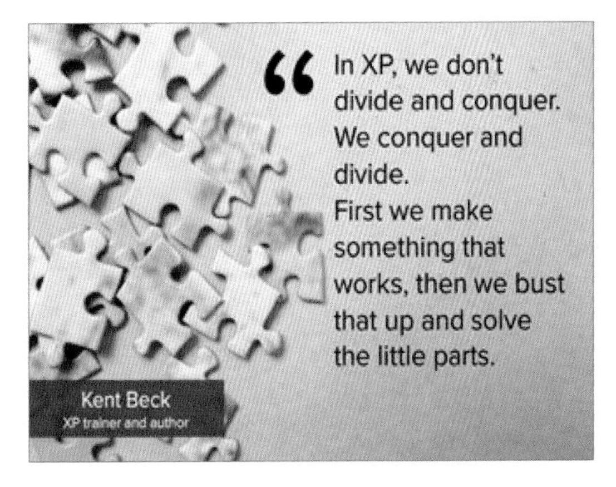
In XP, we don't
divide and conquer.
We conquer and
divide.
First we make
something that
works, then we bust
that up and solve
the little parts.
Kent Beck
XP trainer and author

When to use iterative development?
You should use iterative development only on projects that you want to succeed.
Martin Fowler
Author and programmer

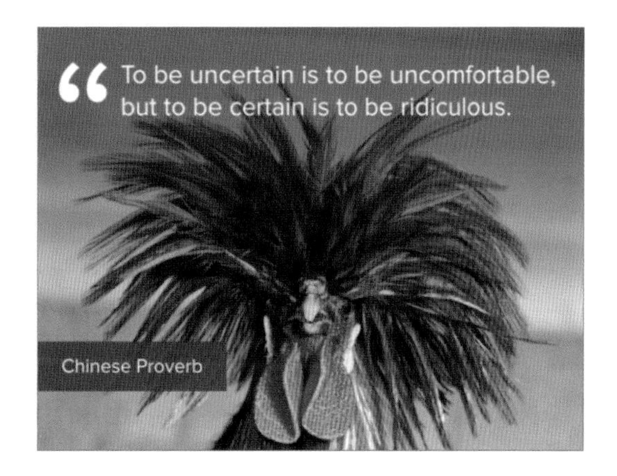
To be uncertain is to be uncomfortable, but to be certain is to be ridiculous.
Chinese Proverb

Planning is a quest for value.
Mike Cohn
Agile trainer and author

Be fixed on the vision, but flexible on the journey.
Jeff Bezos
Founder of Amazon

“ The only way to go fast is to
go well.
Robert C. Martin (Uncle Bob)
Agile trainer and author

“ When we go into that new project,
we believe in it all the way.
We have confidence in
our ability to do it right.
Walt Disney

“ Design and programming
are human activities;
forget that and all is lost.
Bjarne Stroustrup
Computer scientist

“
We don't need
an accurate
document.
We need a
shared
understanding.
Jeff Patton
Agile trainer

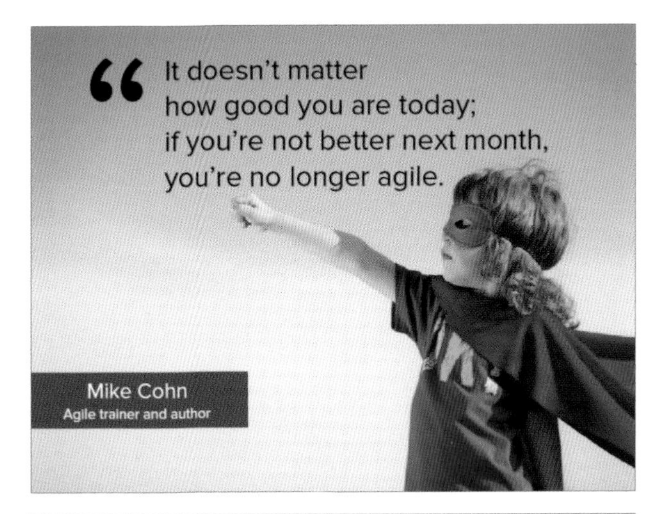

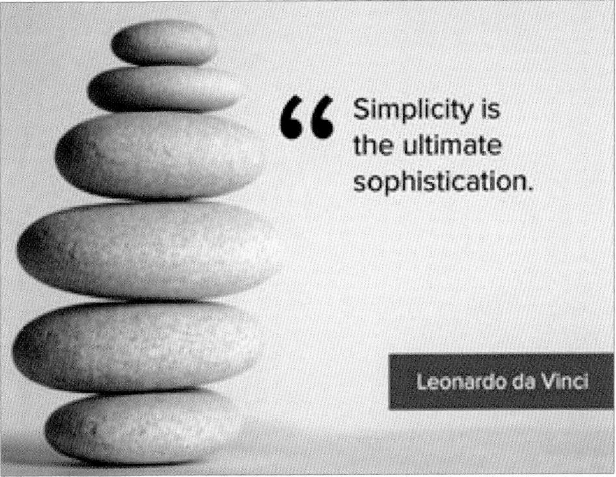

为了帮助读者更有效地提升和领悟敏捷软件开发的真谛，我们精心准备了这部分内容（非卖品）。读者可以根据自己的需要和喜好，揭下不干胶，以可视化的方式加强自己的理解。也可以扫描下方二维码，获得这部分内容的电子资源。

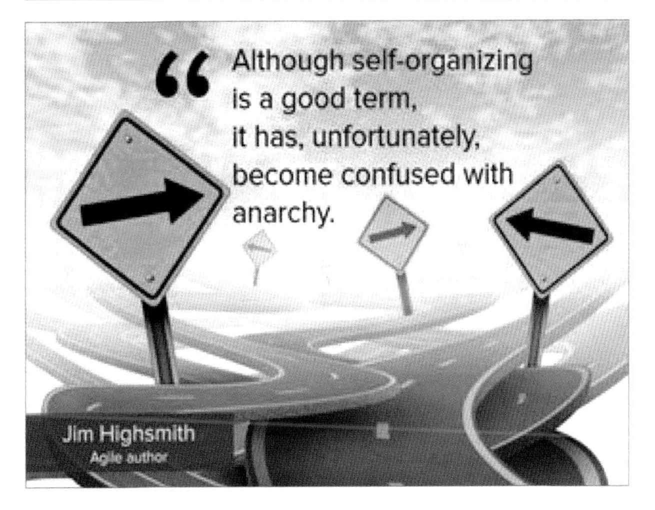